中华砚文化汇典

中华炎黄文化研究会砚文化委员会 主编

罗春明 罗润先 罗伟先 著

砚种 卷

苴却砚

人民美术出版社
北京

《中华砚文化汇典》编务委员会

编 务 主 任： 张维业

编务副主任： 许世宽　唐本高　张国兴　董方军　苏文源

张志雄

编 务 委 员： 李　杰　苏　锐　孙德勇　李延东　张汉荣

于忠文　宋显春　阴　巍　黄　中

《中华砚文化汇典》
编撰说明

一、《中华砚文化汇典》（以下简称《汇典》）是由中华炎黄文化研究会主导、中华炎黄文化研究会砚文化委员会主编的重点文化工程，启动于2012年7月，由时任中华炎黄文化研究会副会长、砚文化联合会会长的刘红军倡议发起并组织实施。指导思想是：贯彻落实党中央关于弘扬中华优秀传统文化一系列指示精神，系统挖掘和整理我国丰富的砚文化资源，对中华砚文化中具有代表性和经典的内容进行梳理归纳，力求全面系统、完整齐备，尽力打造一部有史以来内容最为丰富、涵括最为全面、卷帙最为浩瀚的中华砚文化大百科全书，以填补中华优秀传统文化的空白，为实现中华民族伟大复兴的中国梦做出应有贡献。

二、全书共分八卷，每卷设基本书目若干册，分别为：《砚史卷》，基本内容为历史脉络、时代风格、资源演变、代表著作、代表人物、代表砚台等；《藏砚卷》，基本内容为博物馆藏砚、民间藏砚；《文献卷》，基本内容为文献介绍、文献原文、生僻字注音、校注点评等；《砚谱卷》，基本内容为砚谱介绍、砚谱作者介绍、砚谱文字介绍、砚上文字解释等；《砚种卷》，基本内容为产地历史沿革、材料特性、地质构造、资源分布、资源演变等；《工艺卷》，基本内容为工艺原则、工艺标准、工艺传统、工艺演变、工具及砚盒制作等；《铭文卷》，基本内容为铭文作者介绍、铭文、铭文注释等；《传记卷》，基本内容为人物生平、人物砚事、人物评价等。

三、此书编审委员会成员由著名学者、专家组成。名誉主任许嘉璐是第九、十届全国人民代表大会常务委员会副委员长，中华炎黄文化研究会会长，并作总序。九名编审委员都是在我国政治、历史、文化、专业方面有重要成果的专家或知名学者。

四、此书编撰委员会设主任委员、副主任委员、学术顾问和委员若干人，每卷设编撰负责人和作者。所有作者都是经过严格认真筛选、反复研究论证确定的。他们都是我国砚文化领域的行家，还有的是亚太地区手工艺大师、中国工艺美术大师等，他们长年坚守在弘扬中华砚文化的第一线，有着丰富的实践经验和大量的研究成果。

五、此书编务委员会成员主要由砚文化委员会的常务委员、工作人员等组成。他们在书籍的撰写和出版过程中，做了大量的组织协调和具体落实工作。

六、在《汇典》的编撰过程中，主要坚持三个原则：一是全面系统真实的原则。要求编撰人员站在整个中华砚文化全局的高度思考问题，不为某个地域或某些个人争得失，最大限度搜集整理砚文化历史资料，广泛征求砚界专家学者意见，力求全面、系统、真实。二是既尊重历史，又尊重现实的原则。砚台基本是按砚材产地来命名的，然后再论及坑口、质地、色泽和石品。由于我国行政区域的不断划分，有些砚种究竟属于哪个地方，出现了一些争议，编撰中始终坚持客观反映历史和现实，防止以偏概全。三是求同存异的原则。对已有充分论据、大多认可的就明确下来；对有不同看法、又一时难以搞清的，就把两种观点摆出来，留给读者和后人参考借鉴，修改完善。依据上述三条原则，尽力考察核实，客观反映历史和现实。

参与《汇典》编撰的砚界专家、学者和工作人员近百人，几年来，大家查阅收集了大量资料，进行了深入调查研究，广泛征求了意见建议，尽心尽责编撰成稿。但由于中华砚文化历史跨度大，涉及范围广，可参考资料少，加之编撰人员能力水平有限，书中难免有粗疏错漏等不尽如人意的地方，希望广大读者理解包容并批评指正。

《中华砚文化汇典》
总　序

砚，作为中华民族独创的"文房四宝"之一，源于原始社会的研磨器，在秦汉时期正式与笔墨结合，于唐宋时期产生了四大名砚，又在明清时期逐步由实用品转化为艺术品，达到了发展的巅峰。

砚，集文学、书法、绘画、雕刻于一身，浓缩了中华民族各朝代政治、经济、文化、科技乃至地域风情、民风习俗、审美情趣等信息，蕴含着民族的智慧，具有历史价值、艺术价值、使用价值、欣赏价值、研究价值和收藏价值，是华夏文化艺术殿堂中一朵绚丽夺目的奇葩。

自古以来，用砚、爱砚、藏砚、说砚者多，而综合历史、社会、文化及地质等门类的知识并对其加以研究的人却不多。怀着对中国传统文化传承与发展的责任感和使命感，中华炎黄文化研究会砚文化委员会整合我国砚界人才，深入挖掘，系统整理，认真审核，组织编撰了八卷五十余册洋洋大观的《中华砚文化汇典》。

《中华砚文化汇典》不啻为我国首部砚文化"百科全书"，既对砚文化璀璨的历史进行了梳理和总结，又对当代砚文化的现状和研究成果作了较充分的记录与展示，既具有较高的学术性，又具有向大众普及的功能。希望它能激发和推动今后砚学的研究走向热络和深入，从而激发砚及其文化的创新发展。

砚，作为传统文化的物质载体之一，既雅且俗，可赏可用，散布于南北，通用于东西。《中华砚文化汇典》的出版或可促使砚及其文化成为沟通世界华人和异国爱好者的又一桥梁和渠道。

许嘉璐

2018 年 5 月 29 日

《砚种卷》
序

　　《砚种卷》是《中华砚文化汇典》（以下简称《汇典》）的第五分卷，共二十余册。其基本内容是两部分：一是文字，主要介绍各砚种发展史、材料特性、地质构造、资源分布、雕刻风格、制作工艺等；二是图片，主要展示产地风光、材料坑口、开采作业、坑口示例、石品示例与鉴别等。

　　由于我国地域辽阔，且在很长一段历史时期内生产落后、交通不畅、信息闭塞，致使砚这类书写工具往往就地取材、就地制作，呈遍地开花之势。据不完全统计，在我国，北起黑龙江，南至海南，东自台湾，西到西藏的广袤大地上，有32个省、市、自治区历史上和现在均有砚的产出，先后出现的砚种有300余个，仅石砚可以查到名字的就有270余个，蔚为大观，世所罕见。它们石色多样，纹理丰富，姿态万千，变化无穷，让人赏心悦目；它们石质缜密，温润如玉，软硬适中，发墨益毫，叫人赞不绝口；它们因材施艺，各具风格，技艺精湛，巧夺天工，使人叹为观止。除石质砚外，还有砖瓦砚、玉石砚、竹木砚、漆砂砚、陶瓷砚、金属砚、象牙砚，甚至是橡胶砚、水泥砚等等，琳琅满目，美不胜收。

　　然而令人遗憾的是，由于历史的局限，我们的这些瑰宝，有的已经被岁月湮没，其产地、石质、纹色、雕刻甚至名字也没有留下，有的砚虽然"幸存"下来，也有文字记载，有的还上了"砚谱""砚录"，但文字大多很简单，所谓图像也是手绘或拓片，远不能表现出砚的形制、质地、纹色、图案、雕刻风格。至于砚石的性质、结构、成分，更无从谈起。及至近现代，随着摄影和印刷技术的出现和发展、出版业的兴起和繁荣，有关砚台的书籍、画册不断涌现，但多是形单影只，真正客观、公正、全面、系统地介绍中国砚台的书也不多，一些书中也还存在着谬误和讹传，这些都严重阻碍了砚文化的继承、传播和发展。

　　《砚种卷》在编撰中，充分利用现有资源，广泛深入调查研究，尽最大努力将历史上曾经出现的砚和现在有产出的砚尽可能搜集起来，将其品种、历史、产地、坑口、石质、纹色、雕刻风格、代表人物和精品砚作等最大限度地展现出来，使其成为具有权威性、学术性和可读性的典籍。其中《众砚争辉》集中收录介绍了两百余种砚台，为纲领性分册；《鲁砚》《豫砚》等为本省的综合册，当地其他砚种作为其附属部分；其余均以一册一砚的形式详细介绍了"四大名砚"——端砚、歙砚、洮砚、澄泥砚及苴却砚、松花砚等较有名气的地方砚。这些分册史料翔实，内容丰富，文字严谨，图片精美，比较完整准确地反映了这些砚种的历史和现状。

随着时间的推移，一些新的考古发掘会让一些砚种的历史改写，一些历史文献的发现会使我们的认识相对滞后，一些新砚种的开发会使我们的砚坛更加丰富，一些新的砚作会为我国的砚雕艺术增光添彩，但这些不会让《汇典》过时，不会让《汇典》失色，其作为前无古人的壮举将永载史册。

《砚种卷》各册均由各砚种的砚雕名家、学者严格按《汇典》编写大纲撰稿。他们长年在雕砚和研究的第一线，最有发言权。他们为书稿付出了巨大的心血和努力，因此，其著述颇具公信力。尽管如此，受各种条件的制约，这中间也会有这样那样的缺点甚至谬误，敬希砚界专家、学者、同人和砚台的收藏者、爱好者及广大读者，在充分肯定成绩的同时，也给予批评指正。

关　键

2017 年 10 月于京华冷砚斋

《苴却砚》
序

  中国的砚文化源远流长，在《中华砚文化汇典》中，与传统的四大名砚端砚、歙砚、洮砚和澄泥砚相比，苴却砚确实是一个名不见经传的全新砚种。自20世纪80年代中期开始，苴却砚"异军突起"，在短短的三十多年间便进入了中国十大名砚序列，而且排位第五，自然引起砚界和收藏界的广泛关注。

  "苴却"作为砚名，首先引起人们的探索兴趣。作者旁征博引，让生僻难解的砚名从读音到因产地而得名顺理成章，解开了人们的疑惑。但是考证归考证，这个来自地名的读音却遭遇了现实的尴尬，因为在《现代汉语词典》里，"苴"只有一个读音"居"，而没有"左"的读音，于是，这个砚名自重新开发以后就有了"居却砚"和"左却砚"两个读音。在苴却砚曾经的产地云南省，"苴"作为地名的读音，无一例外地都读作"左"，所以苴却砚在业界和云南省也读作"左却砚"。

  苴却砚是砚林新品吗？这也是人们十分关注的问题。对苴却砚悠久的历史，本书作者进行了大量的考证。在浩如烟海的历史典籍中寻找与苴却砚有关的史料不是一件轻松的事。由于历史的原因和行政区划的变迁，许多历史资料分别存于四川省内外的不同地方，有的甚至需要到云南省档案馆才能查到。为了弄清苴却砚参加世界博览会的时间，笔者曾经和本书作者之一的罗春明老师一起，驱车去历史上苴却巡检司所辖的永仁县查找县志，对探寻苴却砚历史的艰辛感受很深。历史上的泸石砚即今天的苴却砚，它的开发历史可以追溯到宋代以远，书中对这个曾经的名砚忽然"下落不明"进行了多方考证，所引史料翔实，论证有据。

  历史上的泸石砚因为地域辖属发生变化以及战乱而"湮没无闻"，但一项植根于民间的艺术却不会完全湮灭，而且总会在民间的土壤里不绝如缕。笔者在古苴却的辖地永仁县看到许多清代和民国初年的苴却砚，这些来自普通百姓的藏品展示了民间艺术顽强的生命力。

一项民间艺术的兴衰总是和时代有关，同时也总是和对艺术执着追求的人物有关。本书对苴却砚的重新开发、研制的发展历史进行了脉络清晰的客观梳理。随着新品苴却砚的开发和创新，一个"深得苴却石之神韵、闪烁民间雕刻之精髓"、代表攀枝花本土艺术的新的砚雕艺术流派也随之产生。同时，为苴却砚的重新开发付出毕生心血的罗敬如老人的形象也更加鲜活。

因为苴却石天生丽质，因而吸引了许多歙砚雕刻艺术家。他们将歙砚的传统雕刻技艺带到攀枝花，徽派砚雕艺术和攀枝花本土砚雕技艺互相交流影响，对苴却砚的创作产生了积极的作用。

本书作者是攀枝花苴却砚雕界的领军人物，被称为"罗氏三兄弟"。早在 1992 年，他们的学术专著《中国苴却砚》就在四川科学技术出版社出版，第一次全面详细地介绍了新开发的苴却砚。随着苴却砚的开发，有关苴却砚的雕刻技艺以及非砚产品不断丰富，许多新的砚石品种也不断被发现，如苴却青铜石、苴却瓷石、瓷石彩膘、复合彩膘等被命名，这些均被收入本书中。罗氏三兄弟跟随父亲罗敬如的从业经历是新品苴却砚开发历史的重要组成部分。他们的砚雕技法受到业界的推崇，常常一种新品面市，立即有人仿制，三兄弟也不以为意，因为扩大苴却砚的影响、传授苴却砚雕技艺原本就是他们的本意。2014 年 6 月，三兄弟所创办的公司被评为"非物质文化遗产——四川省苴却砚雕刻技艺传习基地"；2016 年 11 月，罗氏三兄弟获"大国非遗工匠宣传大使"称号。

本书全面介绍了苴却砚的发展历史和砚石资源、石材、石品以及雕刻技艺和苴却砚的鉴赏、收藏、保养方面的知识，对砚雕界的从业人员和砚台爱好者、收藏者以及砚雕研究者有着极强的参考价值。

萧云从

2018 年 11 月 10 日

罗氏三兄弟照片左起：罗伟先、罗春明、罗润先

　　罗氏三兄弟是已故"新品苴却砚之父"罗敬如先生的三个儿子，他们是：

　　老大罗春明——中国文房四宝协会副会长、四川省工艺美术协会副会长，首批中国文房四宝（砚）专家，《中国文房四宝》《四川工艺美术》杂志编委，联合国教科文组织授予"一级民间工艺美术家"，中文副教授。

　　老二罗润先——四川省工艺美术大师，哲学副教授。

　　老三罗伟先——中国文房四宝制砚艺术大师，中国工艺美术行业大师，四川省工艺美术大师。

　　三兄弟承袭父艺，开创了"青绿山水""金碧山水""薄意彩雕"等技艺，风格独树一帜，对川滇石砚雕刻的发展产生了很大影响。相继撰写编辑出版了《中国苴却砚》（关于苴却砚的第一部砚学专著）、《苴却砚精品集》（已出版 12 集）、《苴却砚史料汇编》等图书，作为副主编参与编撰《中国苴却砚图志》《至美宝藏——苴却砚》等数本著作、画册，发表《天人合一思想与薄意彩雕苴却盒砚》等数十篇砚学文章。三兄弟于 2016 年 11 月被推举为"大国非遗工匠宣传大使"。

主要获奖情况：1991年，其作品苴却砚在"七五全国星火计划成果博览会"上获金奖；2004—2012年，在全国文房四宝艺术博览会上，作品获金奖5项，罗氏苴却砚获"十大名砚"称号；2010年获中国（深圳）文博会"中国工艺美术文化创意奖"金奖。2013年，其三件作品分别获中国工艺美术"百花杯"金、银、铜奖。2014年，其作品再获中国工艺美术"金凤凰"创新产品设计大赛金奖。2016年10月，其苴却石摆件获中国工艺美术"百花杯"金奖"。

目录

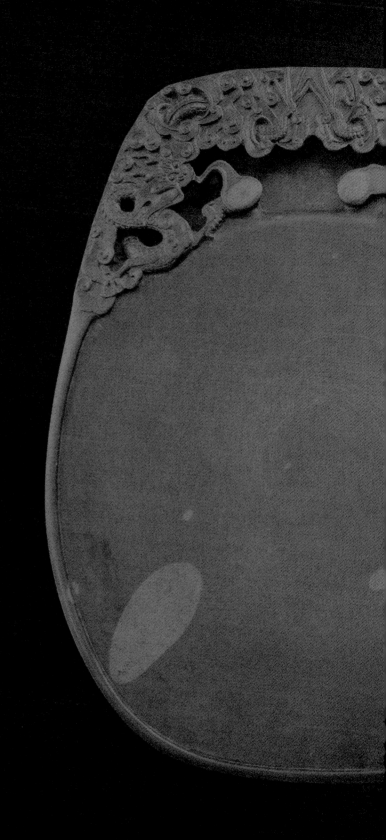

罗敬如发现的古砚

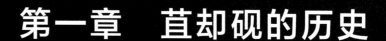

第一章　苴却砚的历史

　　在川滇交界的深山沟壑中有一种砚异军突起，惊艳于世，这就是苴却砚。此砚既出，引无数英雄竞折腰，被行家称之为"中国彩砚"。然而，苴却砚斑驳历史中的片言只语、茫茫典籍中的渺无痕迹，光是一个"苴"字，就有数种读音和说法，为之披上了一层神秘的面纱。关于苴却砚的历史，至今尚有许多未解之谜……而苴却砚得以重新开发的传奇故事更是令人神往。

第一节　"苴却"的读音、含义

一、"苴"的读音

"苴却"是一个较生僻的名字，如前所述，许多人对其读音、含义不甚了解，却又怀浓厚的兴致。有人认为，"苴"字读音有两种，其一发"居"音，其二发"左"音；也有人认为，"苴"，普通话读"居"，在方言里才读"左"；还有人认为"苴"在云南地区发"左"音，其它地区发"居"音。

其实，"苴"字读音很多，《康熙字典》和旧版《中华大字典》（中华书局 1978 年重印发行）上就有十多种读音。宗苏切，音"租"；班交切，音"包"；总古切，音"祖"等等。但这些读音之"苴"都同地名无关。而"苴却砚"却是由地名"苴却"而得名，当地一律发"左"音，是世代生活在苴却地域人们的同一发音。

清《姚州府志》中记载："滇中地名，多有以苴字名者，姚州之大、小代苴，白马苴，大姚之苴却，镇南之苴力铺、苴水皆读为子锁切，音左。"《汉书·终军传》："苴以白茅。"师古注有："苴音租。夫租音与左音相近，滇人之苴字为子锁切者，其租音之转而讹欤。"说"苴"应发"租"音，这也未必确切。在《杨升庵全集·渡泸辩》中两处提到苴却时，均写为左却："……今之金沙江在滇、蜀之交，一在武定府元江驿，一在姚安之左却。据《沈黎志》，孔明所渡当是今之左却也。"可见苴却之"苴"早在明代以前就读"左"，或近似于"左"音，并一直延续至今。

　　从已有的资料看，苴却是我国少数民族语音转变而成的汉字，但究竟是何种民族语音尚有争议。例如王之甫先生在《南诏和白族的几个问题》（《彝族研究》1988年）一文中介绍说，有的学者确信"苴"为彝族语音，而有的学者则认为"苴"为民家（白族）语音，也有人认为"苴"是彝族和白族的混合称号。

　　不少学者认为，"苴"为彝族语音之说比较可信。许多资料证明，早在唐南诏时期，"苴"在当地已是较常用的语音，而南诏王室的后裔为后来分布在滇西的彝族。在南诏，王子被称为"信苴"，南诏的人名、城镇、河流等多以苴谓之。

二、"苴"的含义

　　"苴"有勇猛、壮大、显赫之意。以官员、人名含苴字的如：骠苴低、低牟苴、放苴、履苴、苴诺直、时牟苴、喻茜苴、罗苴子、尹辅苴等；以地名含苴的如利备苴、玉白苴、瓦波苴、思卡苴、里苴倾、六苴、苴却等等（见毛志品先生《"苴"字源考》，1994年1月1日《攀枝花日报》）。据《华阳国志》介绍，苴为古侯国，地处当今四川昭化县南（县并入广元市）。清代徐炯《使滇杂记》中记有大姚县苴却江。1923年，苴却行政委员李家棋撰文提到：苴却元明世代系土司管辖，命名苴却乃彝语之译音。显然，南诏时期普遍使用的"苴"随其统治者蒙氏家族分支、迁徙，已经遍及滇西各地，存留在云南彝族人民的丰富语言中。时至今天，永仁县的全部乡名里，竟还有1/5以上带有苴字。

　　颇有兴味的是，随着历史的变迁，在许多地方，苴的含义发生了很大的变化，早已同原意大相径庭了。这些变化大致包括以下三类：

　　1."苴"演变为小的意思，与"么"对应（"么"是大的意思）。例如，云南永仁县一些带苴的地名有"直苴"，意为"小黑龙潭"；"六支苴"，意为"小松树林"等。在此基础上再演变就更有趣了："查苴"，查是生姜，苴是嫩，意为"产嫩姜的地方"；"查利苴"，查利是人名，苴为儿女，意为"查利家儿女住的地方"，等等。

　　2."苴"被抽象为一个吉利的词，以各个不同的含义被广泛使用。例如云南南涧县的"苴力赶"，意为"山形像脖子延伸的地方"；昆明官渡区的"大麻苴""小麻苴"，意为"大竹园""小竹园"；"大塔密苴""小塔麻苴"，意为"有稻田的黑彝村"（另说意为"松林地"）；元谋县"苴那的"，意为"竹笋山"；"苴林"，意为"桃树坪"；"宜际苴博"，意为"坡下有白冬瓜树的地方"，等等。

3.用"苴"取代原地名，其原意不变。例如，大姚县的六苴镇，原为"俚着"，意为"有石头的地方"；弥渡县的苴力，原为"佐力"，意为"山梁下的村庄"等等。（图1-1-1）

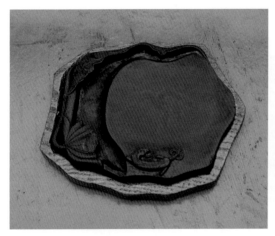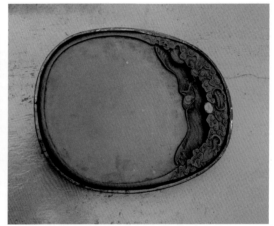

图1-1-1　古苴却砚

三、作为地名的"苴却"

"苴却"作为古地域名指 "东至会理，南至元谋，西北至永胜，西南至祥云" 及其相关地域，主要区域在今云南永仁县及川滇交界相关区域。据李汉杰主编的《中国分省市县大辞典》解释，云南永仁"古称苴却，新石器时代人类就在此生息繁衍"。《中外地名大辞典》中说，云南省大姚县地，土名苴却卫。唐初苴却这个地区属姚州的辖地（姚州为戎州辖羁縻州），天宝后地入吐蕃，贞元中，归南诏，历五代迄宋，一直为羁縻州。宋初，将其从戎州的羁縻州改为泸州羁縻州。元初，世祖亲征大理后改姚州为统矢千户所，在汉置久废的青岭县地所置大姚县，明洪武十五年置姚安府，辖姚州、大姚县。明嘉靖年间李元阳著《苴却督捕营设官记》一文中写了"苴却"，与李元阳同时代的杨升庵在《渡泸辩》中将苴却记为"左却"，崇祯时的徐霞客在其游记中将其记为"苴榷"。到了清代，这个地域改置"苴却巡检"。民初设"苴却行政委员"。1929 年，由大姚县拆出东北部靠金沙江南岸的区乡，置永仁县。1949 年后，旧县建置未变。1965 年，成立渡口市（现改名攀枝花市），将永仁县的仁和区等（靠金沙江南岸一带）划归渡口市，包括仁和区的大龙潭乡，大龙潭乡即现在苴却砚石的产地。

　　"苴却"历史上是一个多民族聚居的地方，主要生活着彝族（白彝）、汉族、么些族、傈僳族等多个民族。

第二节　苴却砚溯源

一、苴却砚与泸石砚的渊源

苴却砚的起源，史书上没有任何记载。自古以来，仅有诸葛亮兵定泸水（今金沙江），其将士就地取材制砚，诸葛亮喜得七星砚之类的传说。据黄道霞先生的《"苴却砚"考》论证，当今的苴却砚就是历史上有名的泸石砚。黄文考证说："泸石砚，见于宋人著作。"历官校书郎商似孙著《砚笺》四卷，有嘉定十六年（1223）的自序，书中收录当时全国的名砚 67 种，泸石砚是其中的一种。此书在泸石砚条目下，引黄山谷铭："泸川石砚黟黑受墨，视万崖中，正砦白眉。"

考黄山谷（1045—1105）铭，原载《豫章黄先生文集》第 13 卷，即《任从简镜研铭》一文。商著引铭文（16 字）只是原铭文的摘录。黄原铭文及其铭后自注较长（达 185 字），摘原铭文如下："泸州之桂林有石黟黑，泸州之人不能有，而富义有之以为研，则宜笔而受墨……"铭下自注文："任君宗易、从简，以官守不能至十，而属余同年生贺铸孙庆子成章，持乌石砚屏，来乞余铭其镜研，余没其研屏以为研，而与之铭，而使复求乌石以为屏……"

黄山谷先生的铭文说明：佳石产于泸州，泸州石材甚大，任君原作镜、砚、屏三合一用。黄专作砚，以为既下墨又宜毫，非常难得。山谷先生作铭时居僰地，僰为唐时地名，宋朝改僰为戎州（故城在今四川宜宾西南）。黄于 1098 年从黔州（今四川彭水）迁戎州（在

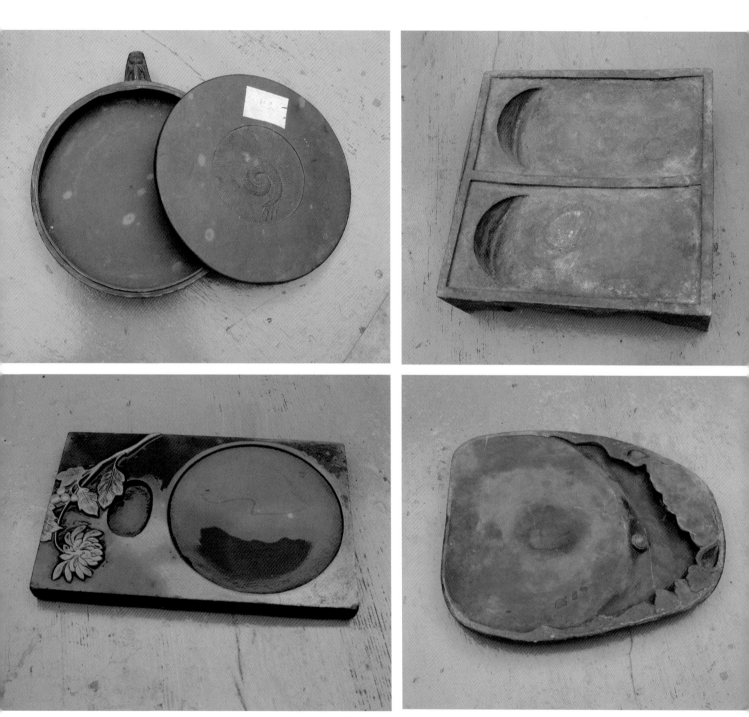

图 1-2-1　古苴却砚

戎居三年）。（图1-2-1、图1-2-2）

历史上有名的泸石砚产于泸川（即泸州，泸州郡）。但山谷先生并没有说明产于泸州的什么地方。为此，黄道霞先生专门进行了进一步考证：宋时泸州、泸川郡、泸川军所辖地域较广，除辖三个县外，还辖有18个"羁縻州"。而且每个羁縻州有3至5个"县"。羁縻州制是唐宋王朝在边疆地区设置的地方行政单位，由各族首领任行政长官，并世袭。

那么，泸石砚到底产于泸州的何处呢？黄山谷先生的铭文中提供了如下线索：一是，泸石砚产泸州之桂林；二是，泸石砚产于少数民族居住的地方。

图1-2-2　仿古砚（注：书中苴却砚新品凡未署名的均为罗氏三兄弟作品）

黄道霞先生进一步考证说：泸州所辖少数民族居住的18个羁縻州中有姚州，在当时知道的是，这18个羁縻州中唯有姚州出产砚石（今苴却砚的所有石坑均在宋时姚州地域）。

据考证：宋时姚州在若水（雅砻江）与泸水（金沙江）汇合处之右岸，为少数民族居住地，春秋以前称"滇獠地"，至汉武以前为古滇国地域。元狩二年（前121），滇王归汉，汉武帝将其归为益州郡辖地。晋初，从益州分置宁州，到隋朝宁州废，此地为各自称王封候之国地。唐初，武德四年（621）始置姚州，以州人多姓姚而得名，辖姚城、泸南、长明三县，共3700户，为戎州羁縻州。宋初，将其地从戎州的羁縻州改为泸州的羁縻州（据《南唐书·地理志》：由泸州"南渡泸水，经褒州、微州三百五十里至姚州"，这比戎州西出经大凉山至姚州路途近）。

元初，世祖亲征大理后，又改姚州为统矢千户所，在汉置已久废的青蛉县地所置大姚县。明洪武十五年（1382）置姚安府，辖姚州、大姚县。清顺治十六年（1659）姚州、姚安府有土司归附；乾隆三十五年（1770）裁姚安府，以所辖姚州及大姚县地隶楚雄府。

1913 年，改姚州为姚安县，大姚县未变；1929 年，由大姚县拆出东北部靠金沙江南岸的区乡，置永仁县；1965 年，成立渡口市（现攀枝花市），将永仁县的仁和区等靠金沙江南岸一带划归渡口市（包括苴却石主要矿源地大龙潭乡、平地乡等地域）。

大龙潭乡为彝族集中居住地，紧靠金沙江南岸，是苴却砚石材的主要产地，其中有一个彝族村就是"砚瓦石箐村"，当地彝族称石砚为"砚瓦"，这里也是最早的苴却砚生产地。

据《清史稿·地理志》记载，清大姚县置苴却巡检，其位就在今天龙潭乡。后来参加巴拿马万国博览会的三方苴却砚就是当时任苴却巡检的官员宋光枢在当地取得送去的，并称此为"苴却砚"。从此"苴却砚"取代了"泸石砚"的称谓。

显然，"泸石砚"之所以忽然间"下落不明"，根本原因在于产砚石的地域发生了多次辖属的变化。当然，这也与这一地区迄南宋到清末，交通闭塞，一直没有太大改善有很大的关系，而且该地区灾害、战乱、民族纷争从未中断，在此条件下，"泸石砚"发展一直不畅，以至于明清以来，许多人慕名而来寻找"泸石砚"均徒劳而归。徐霞客于崇祯十一年（1638）考察金沙江，曾在姚安府、大姚县逗留月余，也没有留下泸石砚的记载。

泸石砚制作的鼎盛时期当在北宋宣和以前，元代尚有人得见宣和时制作的泸石砚。元代著名学者虞集（1272—1348）所著的《道园学古录》中，载有《谢书巢赠宣和泸石砚》诗："巢翁新得泸石砚，拂拭尘埃送老樵。毁璧复完知故物，沉沙俄出认前朝。毫翻夜雨天垂藻，墨泛春冰地应潮。恐召相如今草檄，为怀诸葛渡军遥。"虞诗对这方泸石砚的文物价值、艺术价值评价都很高，而且诗句中将此砚与四川历史上著名人物司马相如草檄，诸葛亮渡泸相联系，显然有其特殊意义。云南大学历史系朱惠荣教授在考证苴却砚之"苴"的读音、含义时也提到，《杨升庵全集·渡泸辩》中两处提到苴却："……今之金沙江在滇、蜀之交，一在武定府之江驿，一在姚安之左却。据《沈黎志》，孔明所渡当是今之左却也。"

以上考证应该可以证明，产于金沙江（泸水）与雅砻江（若水）汇合之一段河流岸边的苴却砚就是北宋以前就颇有名气的泸石砚。由于元以后官府管辖建置格局变化以及灾害战乱等原因，在明清之际以"泸石砚"为名的砚渐渐失传。

那么"泸石砚"为何后来叫"苴却砚"呢？这同这一地区的建置变化有关。宋时，它产于姚州，不称姚砚。这可能是因为姚州是羁縻州，受泸州管辖，泸州当时被列为"上"等州，加上姚州也属泸水流域范围，称泸石砚，也算内涵姚州之意。但是，元以后世祖亲征，加速开发云南，使云南现今的东北部地区的建置发生了变化，即改变了秦汉以来这一地区长期由四川的有关部、府、州管辖的建置格局，使得姚州及大姚县与泸州最后脱离了隶属关系。因此，姚州及大姚县所产石砚，逐渐不再把它与泸州联系，泸石砚的名称，慢慢就被人淡化以至遗忘。

二、艳惊巴拿马博览会

苴却砚重现江湖、再显光彩是在清代。据永仁县志记载，早在咸丰年间苴却附近就有匠人制砚，至同治、光绪、宣统渐盛。

据《楚雄方志通讯》载，这一时期较有代表性的制砚者叫寸秉信："寸秉信（1854—1913）因年幼家贫，从十二岁起就学雕砚。他所雕刻的石砚，不但精湛细腻，墨浓耐磨，而且图案各异，有龙凤呈祥、双龙戏珠、名观古刹、花虫鸟兽等。其中有一块雕有双龙戏珠的尺余大方砚，曾落到当时团总的堂侄寸芳田家，后因寸家火焚散失。宣统元年（1909），苴却巡检宋光枢曾取砚三块赴巴拿马赛会展出，受到好评，被选为文房佳品。民国二年（1913），云南首府命寸秉信赴省，传授雕砚技术，未及起行即病故。其后，长子寸怀龙继承父志，专行石砚雕刻，但所制石砚都不能与其父相比。"这段颇具传奇色彩的记载令人遐想联翩，激发起人们对苴却砚历史的兴趣。

然而，苴却砚在"巴拿马赛会"展出一事一直是个谜团。"巴拿马万国博览会"是为了庆祝巴拿马运河被开凿通航而举办的一次盛大的庆典活动，博览会从1915年2月20日开展到12月4日闭幕。这与上文所说的1909年不符合，而且1912年中华民国刚刚建立，也就是说，巴拿马博览会召开之时已非清朝。带着这个问题，我们查阅了相关文献，有三个事实不容忽视：一是当时的美国政府比较重视中美关系，1914年3月派劝导员爱旦穆到中国，游说中国派代表团参展。北京政府也将此事作为中国走向国际舞台的一件大事，在 19 个省征集参赛品，共有 10 多万件赛品参加了这一盛会。这些物品大致分为教育、工矿、农业、食品、工艺美术、园艺等类别，征集范围从工矿企业、学校、机关直到普通农民。可见，当时的展品数量大、品种多、征集范围广。二是根据永仁县志记载，民国前期永仁的最高行政长官仍是宋光枢，而且永仁地处边远，民国的建立要波及到这里，须一定时日。三是巴拿马万国博览会虽然定于 1915 年春开幕，但中国路途遥远，且所运物品数量庞大（除主办国美国外，30 个参赛国中，以中国和日本的参赛展品最多），类别繁复，到美国后尚要应付报关、点验、布置展场等诸多事情，因此必须提前征集展品、提前出发。从上述三点看，我们认为，虽然苴却砚参展巴拿马博览会的时间有误差，但并非六年这么长，参展的事实也基本可以认定，而且还产生了较大的影响，否则就不会有"云南首府命寸秉信赴省传授雕砚技术"之说了。

据了解，与寸怀龙同时制砚的，在苴却附近还有几户，主要人物是钱秉初，其儿子钱必生亦随父学艺。苴却砚生产一直都断断续续。1952 年土地改革时，农民分得了土地，于是很快放弃了收入微薄的制砚业而专事农业，苴却砚便消失在历史风尘之中。

三、重现苴却砚第一人

苴却砚再次重见天日时，历史已经走到了 1984 年。客观地讲，苴却砚的重新开发、研制有两个原因是主要的：其一，攀枝花建设的飞速发展。20 世纪 50 年代末，国家对攀西地区丰富的钒钛磁铁矿开始了大规模的开发、利用，攀枝花地区成为重点工业建设区。随着攀枝花建设的飞速发展，这一地区原始的封闭状态真正被冲破，交通获得极大改善，与此同时，政治、经济、文化也以前所未有的速度蓬勃发展起来。这一巨大变化，为苴却砚的发展准备了良好的外部条件。其二，罗敬如先生对苴却砚石产地的苦苦寻觅是苴却砚重新开发并获得新生的直接原因。

罗敬如先生生于 1921 年，家中贫困，自幼离家靠学艺、卖艺为生，30 岁后以教书为主要职业。罗先生酷爱艺术，尤擅石雕，其作品有的获省级奖，有的被国家级博物馆收藏，有的被选送出国参展。罗先生嗜石如命，20 世纪 50 年代初自愿要求到条件艰苦但石源丰富的四川山区工作，40 多年来，致力于该地区的雕刻石材的开发利用，被人们

图 1-2-3　罗敬如先生

称为雕刻石材的"活字典"、石雕艺术家。（图 1-2-3）

　　1953 年，罗敬如先生在民间发现了一方古苴却砚，为其石质和石眼的特色所吸引，当即买下收藏，此后又在民间收藏到一方石质类似的苴却石砚。罗敬如对收藏的砚作了进一步的观察试磨，证实这两方砚石质较好，细腻而不滑，石色青黑灰泛紫，属上等砚材。最引人注目的是石眼。其中一方砚长约 30 厘米，砚额刻有二龙戏珠，石眼色绿偏黄，形不太圆，有破损，但仍能看出有睛有瞳。另一方砚未雕图案，为正圆带石盖盒砚，直径约 20 厘米，上仍有石眼若干，由于剖面不正而石眼呈椭圆形，但外形均匀，轮廓清晰，色亦绿偏黄，但有心有环，层次比较分明。显然制砚者完全忽略了石眼的存在，未做任何特殊的加工。这样的石眼只有端砚石眼可与之媲美，很有开发价值。罗先生知道，这一带地区各种石材极为丰富，且由于地处偏远山区，经济文化不发达，许多雕刻用的石材未能很好地利用，因此开发潜力很大。在这一地区连续发现两方类似的石砚，推知其石产地离此不远，于是他便产生了到砚石产地踏探的强烈愿望。再细致打听，都说此砚在这一带时有所见，但不知产于何处。从收藏到的石砚看，显然不是近期作品，可推知大约已经较长时间没有生产此砚了，这就增强了罗先生寻访石源的兴趣和信心。然而多方打听，致力寻找三十余年，他终未能找到石源产地。（图1-2-4、图1-2-5）

1984年，罗敬如受聘于攀枝花市工艺美术公司做顾问，在此期间，经多方打听，从攀枝花市文管所的一位同志那里得知他收藏的石砚为苴却砚，而后初步探明苴却石就产于攀枝花市境内金沙江边的陡壁悬岩之中。罗先生大喜过望，遂与学生余文香、儿子罗伟先等人进行了进一步的勘查寻访，又经钱秉初的儿子钱必生先生指点、引路，终于找到了石源，取得了样品。著名作家李林樱女士在其《砚痴传奇》一文中讲到罗敬如先生寻找苴却石源的艰辛经历时说："在涛声訇然的悬崖绝壁上，巨大的砚山终于被他们找到了……激动中，罗敬如涕泪交流了。"（载于《攀枝花文学》，1992年2月）。这一颇具传奇色彩的寻石过程被中国台湾一家刊物称为"上穷碧落下黄泉的苦苦追寻"。罗氏父子及其学生后来多次在砚石产地取样、查勘时，当地人仍不知此石的用途。他们

图1-2-4　罗敬如发现的两方苴却古砚之一（正背面）

图 1-2-5　罗敬如发现的两方苴却古砚之二

看到一些农舍的院坝里、房顶上、甚至墓地里散落着苴却石时流露的狂喜和惊异给当地村民留下了很深的印象，而村民们亦回以他们同样惊异的神情。

　　经过无数次的查勘、采石选料，在罗敬如先生的指导下，开始了苴却砚重新开发的研制工作。在对采回的各种苴却石样品的比较研究中，发现更加高档的新砚材，这种新砚材与旧砚材相比具有如下重要特点：

　　（1）新砚料之眼石石眼极好，品位极高。旧砚料之石眼色泽绿而偏黄，多褐斑，许多石眼外形不正圆，石眼小，直径超过 2 厘米的很少见，大多石眼有睛瞳、有环，但有晕者很少，环有的不规整，糟眼较多，睛瞳也不够有神采，质地亦不够晶莹纯净；而新砚料之石眼品质纯净高洁、晶莹如玉，色碧绿，有翠玉光泽。外形正圆、轮廓清晰者占绝大多数。石眼之睛、瞳、环、晕均有，尤其晕均匀自然，有的还有彩。晕环相间相生、层次分明又彼此晕渗，有如描画晕染一般，故看上去极富神采。其心睛有黑、白、黄、褐、金诸种，其晕、环有蓝、褐、黄、白诸色。直径大于 2 厘米者较为多见，3—4 厘米亦能找到。苴却砚之石眼从此打破了端砚石眼的一统天下，而跃居榜首。

（2）新砚料石质更为细腻润泽。新砚石比旧砚石硬度稍高，结构更为致密，更为细润，更具贮墨不涸、发墨不损毫之优良性能。

（3）新砚料石色紫黑沉凝，黑中透紫，观之润泽凝重，抚之腻而不滑，而旧砚料为青黑偏灰色，观之略有"枯"的感觉，抚之稍燥。

（4）新砚料之膘石石品花纹更为绚丽丰富，尤其是绿膘、黄膘、玉带膘等，品类繁多，各有千秋。其中"墨趣膘""火烙膘""青花膘""鳝鱼黄膘""冰纹膘""金睛绿膘"等，具有极高的观赏价值。旧时砚工偶尔利用新砚料中很薄的绿膘刻制花纹，制为砚盖，不用以制砚。其原因有二：其一，如前文所提到的，当时的雕刻工具较为落后，只能制作硬度低的旧砚石；其二，当时对砚的石质、石眼和石品花纹缺乏系统的研究，尤其对石眼和石品花纹的审美价值几乎视而不见，因此，未能对新砚料产生兴趣。使其长久沉睡于金沙江畔。

在罗敬如先生的指导下，攀西地区的一批石雕爱好者（大多数为罗敬如先生的学生）聚集起来，进行苴却砚新品进一步的研制，其间得到了不少有识之士的支持和帮助。经过三年多的努力，研制出了一批题材广泛、造形新颖的苴却砚新产品。如，历史题材的有"太白醉酒砚""东坡游赤壁砚""曹操渴贤砚"等；神话题材的有"女娲补天砚""九色鹿砚""山鬼砚""飞天砚""反弹琵琶砚"等；传统题材的有"二龙戏珠砚""龙凤呈祥砚""九龙砚""七星伴月砚"等；还有山水风景、花鸟鱼虫为题材的，如"蟹趣砚""龟珠戏砚""残荷青蛙砚""蜻蜓点水砚"；还有诗情画意方面的，如"明月松间照，清泉石上流""天寒翠袖薄，日暮倚修竹""云中君""竹影摇月""夜泊枫桥"等。这批新砚具有较强的罗氏工艺的风格，既继承了民间雕刻细腻夸张的特点，又讲求主次关系、虚实效果，深得中国传统文化之神韵，熔中国诗、书、画、印于一炉，形成了新的一派风格，体现了较高的工艺价值。

苴却砚的重新面世，很快受到国内外行家的好评，在文房四宝行业、鉴赏家、收藏家中引起了很大的反响，国内外数十家报刊、电台、电视台均有报道：

1988 年 8 月，罗春明、罗润先、罗伟先携 20 余方新研制的苴却砚在成都举办了苴却砚观摹会，受到四川省书画界、新闻界及有关专家盛赞，省内各报予以报道。

1988 年 11 月，攀枝花市苴却砚厂杨天龙先生带几方苴却砚样品到北京，经文化名人、专家鉴定，"佳砚美誉动京华"。方毅、溥杰、启功、千家驹、黄胄、董寿平、杨超、白雪石、刘炳森、范曾、刘演良、郑珉中、王遐举等名人、专家纷纷题词，对苴却砚赞叹不已。

1989 年 12 月 8 日，攀枝花市苴却砚厂研制的 108 方苴却砚（其中绝大部分为罗氏三兄弟的作品）在北京中国美术馆展出，中国文房四宝协会常务副会长主持开幕式，中国文房四宝协会名誉会长方毅先生为开幕式剪彩，在京的许多著名书画家、鉴赏家出席开幕式，首都各报予以报道。中央电视台《新闻联播》节目播出展出盛况。

罗敬如先生一生的成就是非常突出的，他受到人们的尊敬和社会的广泛赞扬。中央电视台《鉴宝》栏目和《人民日报》《文摘报·文史人物》《文摘周报》《成都晚报》《攀枝花日报》及中国台湾的《大陆之旅》、中国澳门的《澳门日报》等媒体先后报道过罗敬如先生的事迹。在国内外众多介绍苴却砚的文章、电视节目里，罗敬如先生是必然提到的重要人物。

1997 年，罗敬如先生积劳成疾，脑溢血复发，因医治无效于攀枝花逝世，享年 77 岁。

消息传出，四川省文学艺术界联合会等多家单位和部门发来唁电。在他的追悼会上，有这样一幅挽联，是对罗敬如先生一生的一个圆满的诠释——"执教五十载唯诚唯信无怨无悔传授艺道求解美学以品德服众以才智塑人流芳百世桃李满天下；从艺六十年求真求新有情有境研琢彩石开发苴却因天然成趣因工巧至奇功在千秋口碑遍攀西"。

2003 年中秋，时任攀枝花市常务副市长的聂泽洪在《苴却砚精品选》一书的前言

图 1-2-6　罗敬如先生像

中语重心长地写道："我们尤其怀念已故的石雕艺术家罗敬如先生，他为寻找到石源和苴却砚的重新开发做出了重要贡献。"（图 1-2-6 至图 1-2-8）

　　行业中流传着这样一个说法：罗敬如是新品苴却砚之父。

四、苴却砚重现砚林的背景和因素

　　新品苴却砚文化三十年的发展，无论从砚的生产规模、对新石品的开发利用，还是从对砚文化的传播、影响，从对砚的鉴赏、收藏、评批等都远远超过了历史上该砚多年来的发展总和。对这一独特的文化现象，本书从如下几个方面来分析：

图 1-2-7　白马寺——红军长征经过会理驻扎过的地方（石雕作品）
作者：罗敬如

图 1-2-8　长征组雕——遵义会议会址（石雕作品）
作者：罗敬如

　　其一，苴却石材的天生丽质。如前所述，苴却砚极有可能就是历史上曾较有名的泸石砚，尽管史书上对该砚的文字记载很少，但依然可以从一些零星的、间接的记录中看到对该砚的赞誉。亦如本书前面已经分析的那样，历史上的确存在许多不利苴却砚发展的地域、政治、经济的诸多原因，尽管如此，苴却砚曾被文化名人馈赠好友，曾有幸参加国际赛会，曾被文化名人珍藏，曾有过较长时期的断断续续的发展（其间也不乏繁荣）。能有如此表现，对于苴却砚已是奇迹，这得益于苴却砚石的优良材质。（图 1-2-9、图 1-2-10）

图 1-2-9　秋山归牧砚

图 1-2-10　童趣砚

其二，罗敬如先生的发现。如上述，石雕艺术家罗敬如先生有幸接触到两方古苴却砚，并长期寻觅石源，从此与苴却砚结下了不解之缘。在其引领下，沉寂若干年的神奇砚种得以崭新的面貌重现于世。毫不夸张地说，没有罗敬如先生的执着和号召力，苴却砚还将继续沉睡在金沙江的悬崖峭壁中不知多少年。

其三，"三线建设"和攀枝花城市的崛起。20世纪60年代，攀枝花市因"三线建设"在人烟稀少的川滇交界处崛起，几十年间便成为了一座现代城市。苴却砚以崭新的面目一经面世，立即引来了众多媒体和制砚、藏砚者的关注。人们惊喜地看到，攀枝花这个以花为名的城市，不仅有闻名中外的高品质的丰富钒钛资源，而且有储量丰富、品质一流的苴却砚石。人们更深刻地认识到了邓小平同志视察攀枝花时说过的一句话："这里得天独厚。"（图1-2-11）

图1-2-11　微雕钢城——攀枝花（大型苴却石摆件）

1987年，第一家苴却砚厂在攀枝花正式成立，厂长由该市光华公司经理杨天龙兼任，并聘请罗敬如先生为技术总顾问，罗伟先任技术厂长，罗春明、罗润先为技术指导。

1995 年，乔石委员长出访日韩，攀枝花市苴却砚厂代表市政府选送九方精品作为随访礼品。这九方苴却砚分别被日本天皇、日本首相和日本参、众两院议长及韩国总统、总理、议长所收藏，深受日韩两国领导人的喜爱。为此，全国人大外事局还专门致电攀枝花市政府和苴却砚厂表示感谢。这九方精品苴却砚是由罗敬如先生指导，由其子罗氏三兄弟精改完善并配上鉴赏文字后送到北京的。乔石亲笔题词"苴却珍砚，文房瑰宝，温润莹洁，翰墨生辉"。

随着苴却砚知名度的迅速升高，全国各地许多藏砚、喜石者纷纷来攀枝花赏石、购砚，一些端、歙等制砚者也专程来考察。许多人从此便留在攀枝花开始了苴却砚的生产，苴却砚生产迅速发展起来。现在，在攀枝花生产苴却砚的江西、安徽、广东、河北等地的艺人已发展到数百人。

目前，攀枝花已形成了两派风格各异的砚雕艺术。一是罗敬如先生首创，其后代弟子继承和发展的罗氏艺术风格。这一派立足于攀西乡土文化，十分讲究因材施艺、天然造化，注重"雕"与"不雕"的结合、主观创造与客观创造的结合，不仅强调"塑造"美，而且强调将美从石头中"剥"出来，因而作品往往有神来之笔，充满诗情画意，文气盎然，件件有新意，皆可称之为"孤品"。另一派是歙砚的技法和风格。在苴却石的吸引下，一些歙砚雕刻艺术家来到攀枝花"安居乐业"。歙砚的雕刻技艺经过若干年的锤炼，已形成了一些易于继承和推广的技法，熔中国传统的诗、书、画、印于一炉，运用线条如行云流水，巧用绿膘，擅长薄雕，其作品富有传统文化气息。两派砚雕艺术不断地交流和影响，艺术的个性日益彰显。

其四，中国文化发展的大背景。新品苴却砚生产从小到大，在短短二十多年时间里迅速发展起来，当然不仅仅是因为苴却砚优良的品质，也不仅仅是因有众多喜石、爱砚、制砚者的青睐，其重要原因还在于整个国家的文化发展状况。这是真正意义上的苴却砚发展的文化大背景。

新品苴却砚能在这样的背景下发展可真谓大幸。（图1-2-12）

其五，有识之士的关注和支持。我们看到，新品苴却砚从面世开始就得到从中央到地方各级领导人的关心和支持。

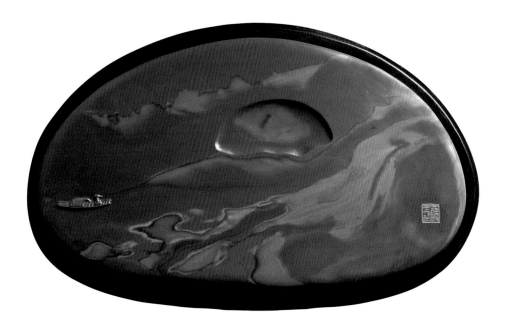

图 1-2-12 平湖涌翠砚

老一辈国家领导人方毅、四川省领导人杨超等人一直关注着苴却砚的发展，每次到攀枝花都少不了要专门过问苴却砚的生产状况。方毅对苴却砚情有独钟，认为苴却砚不仅是攀枝花的财富，而且是中华民族的宝贵财富。苴却砚制作者至今未能忘记方老亲自出面为苴却砚发展解决了许多具体的困难。时任四川省委书记杨超先生更是对苴却砚关爱有加，1988 年曾专程登门造访开发新品苴却砚的功臣罗敬如先生。二人促膝谈心，感慨之余，杨超欣然题赠"金石行家"四个大字，感赞罗敬如先生的艺术成就。

攀枝花市老一辈领导人李源、翟子强、陈冀等人一直关心支持着攀枝花市石制手工艺品的开发，攀枝花市第一家工艺美术公司就是在他们的支持下成立的，后来第一家苴却砚厂的成立、发展，各位领导也倾注了许多心血。

后来继任的秦万祥、李之侠、聂泽洪等许多领导人，亦给予新品苴却砚开发、生产以实质性的扶持帮助。几乎每次举办的苴却砚展，他们都会亲自过问、参观，给制砚者很大的鼓励。聂泽洪多次与制砚者一起到苴却石产地寻石、访砚，为罗氏兄弟出版的第一本《苴却砚精品集》撰写序言；李之侠作为攀枝花市首届工艺美术协会会长，始终参与苴却砚的生产，他亲自过问、组织市级相关部门召开会议，促成《中国苴却砚》一书

图 1-2-13　启功题词

图 1-2-14　黄胄题词

面向全国出版发行，并诚请启功先生题写了书名；秦万祥书记组织攀枝花苴却砚参加了首届攀枝花文化艺术节后，又首次以整体形象参加了第五届中国艺术节，并指示媒体跟踪报道，对苴却砚的发展起到了积极的推动作用。秦万祥书记对新品苴却砚的功臣罗敬如先生及其三个儿子倾毕生精力开发研制苴却砚的事迹非常了解，他感慨地说："攀枝花钢铁事业的发展不能忘记常隆庆的巨大贡献，常隆庆不愧为攀枝花钢铁之父；攀枝花苴却砚事业的发展不能忘记罗敬如先生的巨大贡献，罗先生无愧为新品苴却砚之父。要给他俩树碑、立传。"秦万祥由衷感谢罗氏父子的贡献，写了许多文字以表其意。如"人品定石品""石品现人品""三兄成大器，奠基是令尊""罗公励志掘宝库，伟哉，伟哉；合力传承由三兄，壮哉，壮哉；发扬光大有来人，幸哉，幸哉；苴却石艺名天下，快哉，快哉；千家万户有知音，乐哉，乐哉"……（图 1-2-13 至图 1-2-15）

　　近年来，从中央到地方都对传统手工艺技艺的挖掘、发展给予了极大关注，中国文房四宝协会授予攀枝花市仁和区"中国苴却砚之乡"的称号，苴却砚多次获"国之宝——中国十大名砚"称号。四川省文化厅将仁和区南山工业园区划为四川省文化产业示范区，仁和区委、区政府对苴却砚的发展，从矿山、采石到生产制作作出了重要的发展规划。2011年，苴却砚获国家地理标志保护产品称号。

（图1-2-16）

图1-2-15　罗敬如题词

图1-2-16
十大名砚证书

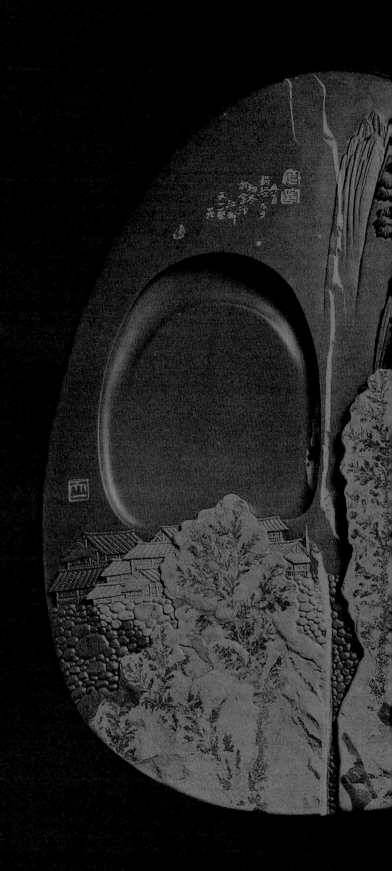

月下飞瀑砚（水藻纹、石线）

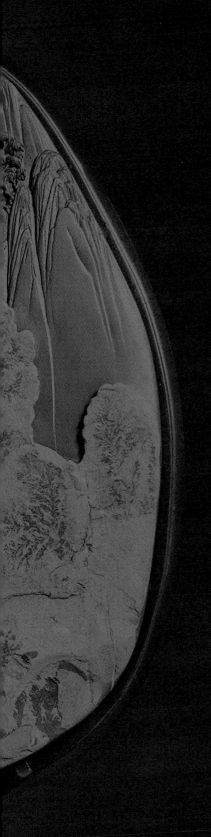

第二章　苴却石资源

作为苴却砚重要的原材料——苴却矿石，沉睡近3亿年后终被唤醒。了解她的矿物结构，分析她的形成原理，是对她无限的敬畏；了解苴却砚石开采的坑口和开采的艰辛，是对她的尊重。屹立于群山之巅，遥望滔滔东逝的金沙水畔，俯瞰横亘而过的成昆铁路，眼前，仿佛穿越亿万年的历史画卷。

第一节　苴却石形成的地质环境

苴却石属不可再生的珍稀特种矿产资源，形成于晚二叠世，是攀西裂谷岩浆活动与围岩发生热接触变质作用的产物。其原岩为新元古界震旦系观音崖组（Z2g），是滨海—浅海相沉积的泥质岩（黏土岩），受矿区内及周边晋宁期和华力西期岩浆烘烤，产生化学性质比较活泼的热、气源，通过岩层中的孔隙、水体，使岩石产生不同程度的物理、

图 2-1-1　苴却石矿山

图 2-1-2　苴却石矿山

化学变化和变质，加之上覆岩层巨大挤压下岩层发生压力变质，经过上亿年后形成具有明显条带状、条纹状构造的含钙泥质板岩。

　　苴却石主要矿源分布在攀枝花辖区内金沙江两岸的悬崖峭壁上，开采非常困难，此前，因开采苴却石材而坠下悬崖而丧生者间有所闻。（图 2-1-1 至图 2-1-4）

图 2-1-3　苴却砚石老坑，即泸石砚石坑

图 2-1-4　苴却砚石新坑

第二节　苴却石的矿物质结构

苴却砚石的主要矿物质为绢云母、绿泥石、白云石，次要矿物质有石英、黄铁矿、电气石、金红石等。苴却砚石岩矿由原生的泥质经长期演变而变为板岩，其矿物质在地壳运动中受压力作用呈现相互紧密的定向排列，岩石坚硬致密，为泥质隐晶质结构，化学性能稳定。

例如，苴却砚石主要矿物质绢云母的结构单元层由3个基本结构层组成，即由2个硅氧四面体层与1个铝氧八面体层彼此紧密相接，形成特殊的层状结构，形态上呈假六方片状、短柱状。苴却石主要矿物质各结构单元层借助钾离子联系，结构之紧密足以阻止水分子进入其晶格中。这种特殊的解理如遇重力敲击，砚石易沿该解理面开裂成片，但砚石层内联系则相当紧密，这种结构既有很好的储水功能，又能经久耐磨。

我们做过这样的试验：一块经水浸透很久的苴却石，用刀刮削表皮即可见干燥的岩石，足见水对砚石的渗透力相当微弱，这是层内联结紧密所致。但若是层状剥离敲击，即使刀斧不至，砚石也可能呈层状、片状裂隙剥起；反之，若纵向敲击切割，则相对困难得多，手工雕刻更是如此。许多人由于对苴却石这一特殊结构不甚了解，因而在制作苴却砚的过程中屡遭失败，不能得心应手。

另外，由于石材层状联结力较强，其奇妙的功能亦是很明显的：当适度的外力作用时，矿物层状联结体弯曲、形变而产生内应力，外力释放后，内应力使之很好地恢复原来的状况。这种具有一定韧性或弹力的特殊性质，使苴却砚不易损坏。

一方上乘的苴却砚，当墨锭作用于砚堂面时，由其内应力产生适当韧性，令墨锭有如一股神力粘附于砚堂面，"所谓如热熨斗上熠蜡时，不闻其声而密相粘滞者"（《负喧野录·论笔墨砚》）。"着水研磨，则油油然，若与墨相恋；墨愈坚者，其恋石也弥甚"（《端溪砚坑考跋》）。所得墨汁细腻均匀，水乳交融，黑亮沉凝，谓之发墨。又由于苴却石解面有排列整齐的特殊的显微铓锷（在显微镜下观察可见），使研磨腻而不滑，"抚之如婴儿肌肤"，且"磨不滑"的效果。

也正由于苴却石主要矿物质的特殊层状联系、紧密结构、层内强力联结等，使苴却砚具有"贮墨经久不旱""手抚水滋""呵气研磨"等奇效。有人做过如下试验：将苴却砚与其他玻璃器皿盛少量清水置于同一冰柜中，当玻璃器皿中清水结冰时，苴却砚中清水仍未结冰。

石砚的下墨、发墨、益毫等效果并不单单决定于某几种因素，而是由许多因素共同作用。例如，除了上述砚石中主要矿物质的特殊性质及结构外，砚石中矿物质的硬度、粒径等也是很重要的因素。如果砚石中矿物质的基本硬度太高，或粒径太细，或砚石界面过分光滑无铓锷，其下墨效果一定很差，谓之打滑；如果砚石基本硬度不够，或层内联结力弱，则砚堂容易磨损，而且磨出的石浆与墨汁融合，所得墨汁灰暗无光，谓之不发墨；如果砚石矿物质粒径过粗或铓锷过显，下墨虽快，但所得墨汁颗粒粗糙，既损毫又不适宜书画……

苴却石的主要矿物质硬度为2至3度（据有关研究者认为，这是石砚的较佳硬度），次要矿物质硬度为5至6度左右。砚石的基本硬度既取决于主要矿物质的硬度，又取决于主、次矿物质的含量比例、粒径及分布结构等状况。许多人认为，砚石中含少量硬度较高的次要矿物质可以增强石砚的研磨功能，但要达到不影响研磨质量，必须具备两个条件：

1.次要矿物质含量必须适度。怎样才为适度，这是一个比较复杂的问题。必须视具体的砚石品类、具体的砚坑乃至具体的石材而定，而对其精确的测定需要若干次从理论到实践的反复。迄今为止，对适度与否的判定还仅停留在经验判定的范围，而且不同的人对此有不同的认识，尚未形成公认的、统一的标准。正因为如此，对石砚的偏好常常因人而异：有人偏爱端砚，有人酷好歙石，有人却极力推崇红丝砚等。

《端溪砚》一书认为"因为石英硬度较高，故砚石中石英数量愈少愈好"。叶尔康在《端砚优异性能本源谈》一文中也认为"次要矿物在 5% 左右最宜"。其中，"赤铁矿含量在 3%—5%，石英 1%—2%，被认为是最佳砚石"。端溪老坑青灰色泥质岩石品质最优，仅次于老坑的麻仔坑端石，石英含量为 5%，而一般端石含石英量均在 10%—20% 左右。

2. 次要矿物质必须颗粒细腻，而且分布均匀，否则必然有碍研磨，原因是次要矿物质在硬度上比主要矿物质高 2 至 3 度，其形成硬度差。如果次要矿物质细腻，而且分布均匀，则不仅无碍研磨，反而有助于提高研磨功能。

苴却石中主要矿物质为绿石泥、绢云母，其含量为砚石的 70% 左右。白云石含量为 25% 左右。次要矿物质黄铁矿、石英、电气石、金红石等加起来为 5% 左右。苴却石主要矿物质粒径为 0.01 毫米至 0.05 毫米左右，白云石粒径一般在 0.0024 毫米至 0.0066 毫米左右，黄铁矿很细，粒径多在 0.0011 毫米至 0.0024 毫米左右。这样，就使苴却石不仅基本硬度处于摩氏 2 至 4 度的较佳硬度，而且质地细腻致密。又由于苴却石中硬度较高的次要矿物质含量少、粒径细，呈雾状均匀分布，特别是石英（硬度为摩氏 6 至 7 度）含量少，使苴却石柔中带刚，质坚性润，加之其特有的显微铓锷，使石砚既发墨不损毫，又易磨，还增强了研磨功效。

第三节　苴却石矿坑

苴却石有广义和狭义两种，前者是指产于古苴却地域，范围较大，不仅可制作砚，亦可作手工雕刻工艺品的天然石材，后者特指专门用来制作石砚的苴却石材。本文着重分析苴却砚石。

苴却砚石产地位于四川省攀枝花市仁和区，其境内的苴却砚石资源储量相对丰富，主要分布在大龙潭彝族乡和平地彝族镇。大龙潭境内的苴却石矿区面积为 2.11 平方千米，预测资源量为 1990 万立方米；平地境内的苴却石矿区面积为 0.2292 平方千米，预测资源量为 310.27 万立方米。矿藏位于金沙江南岸的半山悬崖地带，成矿带长约 2 千米，宽近 500 米，坡度垂直 70—80 度，地势极为险峻，采掘难度极大。（图 2-3-1）

一是"平地坑"，该坑位于悬崖峭壁的苴却石矿脉中间地段。据传，古人在此采石，先用麻绳系于身上，由陡峭的崖口逐步下移，一直移到数十米处才能到达坑口采石，开采相当困难。

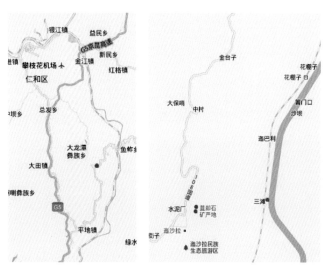

图 2-3-1　苴却石矿坑地图

出自平地坑的砚石石料石眼较多。其石眼眼形明晰、色泽翠绿、心眼圆正、环晕纯美。红睛、金睛、带环、带晕的居多。此外，平地坑以膘石和石品为其特色。膘石以绿色膘石为主，其石品有石眼、彩纹绿膘、玉带膘、墨趣绿膘、翡翠斑、火烙、金线、银线等。

二是"大宝哨坑"，也以盛产石眼料石闻名，其石眼较平地坑更为精彩。其石品有褐红膘、褐黄膘、金黄膘、金红膘、鳝鱼黄、黄膘、青花、胭脂晕、金线、银线等，其中，稀有的金睛玉眼、紫砂红石眼、白睛玉眼等品种亦出自这里。其膘石以鳝鱼黄等黄膘为主，绝品中之绝品的彩纹黄膘、金黄膘即产于此。

三是"花棚子坑"，其料石较之上述二坑色泽偏紫偏灰，有厚重沉着之感，但也有石材纹理丰富多彩的，而且绿膘、黄膘、金线、银线通通涵盖，品种花色较为完备。但该坑地势较低，临近汹涌又涨落无常的金沙江水，采石风险极大。

四是"小海子坑"，是早期苴却砚石采石坑口，有眼石、黄膘石、瓷石等。其中眼石石质较软，石色偏灰。

近年来砚工在方圆几十公里范围内又发现多个坑口，采到了眼石、膘石、瓷石和青铜石。

以实用价值而论，苴却石石质细腻度适中，主次矿物质含量和比例适中，温润度和硬度也适中，主要矿物质的特殊层状结构和排列组合以及次要矿物质的均匀分布，使苴却砚比端砚、歙砚的饱和吸水率低，有优异的贮水性能，研磨极佳，能充分体现砚产品的本质属性。以观赏价值而论，苴却石的石品花纹异常丰富，为其它砚石原材料所不及或不具有。例如，以石眼而言，一方苴却砚的"石眼"最多达数百颗，且绝大多数石眼呈翠绿色，睛明瞳晰，碧翠高洁，最大的"石眼"直径竟为60多毫米；以石品花纹而言，彩膘为苴却石一绝，其色彩千变万化，美轮美奂。总之，苴却石品类之多、石质之优异、石品之丰富，在迄今为止的中国砚林是绝无仅有的。

第四节　苴却石的资源特色

据攀枝花市苴却砚产业文化发展规划论证，苴却石资源具有如下特色：

一、储量巨大

中国几大名砚（端砚、歙砚、澄泥砚、红丝砚、洮河砚、贺兰砚等）都有古今连续不断开采生产的历史，也造就了今天辉煌的传统文化影响力和知名度。但这种不断代的采矿史也带来了一个无法回避和遮盖的问题，它们的原石砚矿资源日渐枯竭，尤其是有的砚矿储量本来就很小，石材枯竭的情况就更严重，有些地方出于宣传的需要，虚构新发现的储量，此不足论。而苴却石有几起几落，曾经的辉煌淹没于历史，且辉煌时间短暂，几乎没有大规模开发生产，而且停业的时间太长，客观上保护了这种稀有的自然资源。经过地质部门的科学探测和权威确定，以目前的生产规模而言，苴却石资源储量相当可观，开发前景诱人。

二、矿藏集中

与其它原石砚矿资源相比，苴却石矿藏资源非常集中，这对不可再生的珍稀矿藏资源是非常有利的先天优势条件。首先是便于资源的保护。由于历史的原因，苴却砚的归属有争议，牵涉相连区域的利益和资源争夺，也导致不同省份和地区存在苴却砚销售市场和文化招牌混乱的现象，而料石原产地和地标的确立确保了矿藏资源的唯一性。其次是便于统一的行政管理和组织规模化，有序开采。苴却石资源集中在金沙江畔非常狭小的地质线层，依托两个相连的行政村镇组织统一的生产管理相对容易，也可以实现规模化现代性开采传输的产业方案。

三、天然无害

苴却石被国家地质矿产部成都综合岩矿测试中心鉴定为"白云石绢云母绿泥石板岩"，在显微镜下呈现鳞片状结构和稀疏斑状结构。其主要成分为绢云母、绿泥石、白云石板岩，还有黄铁矿、石英、金红石等成分。在绢云母、绿泥石为主体的物理组织中，不均匀地分布着呈自形和半自形的白云石板岩和黄铁矿成分，构成美学意义上的石眼和铜钉的自然物质来源。矿物颗粒为微细粒级（黏土级），硬度相对低，致密而细腻。经科学检测，苴却石原料无毒、无味，几乎不含放射性元素。

四、质地优异

苴却石集中了中国诸多名砚原材料的优点，在许多特质上更为特殊，更胜一筹。其优势具体表现在如下几个方面：

1.优良的石质。苴却石紫黑沉凝、莹润细密、腻而不滑，抚之如婴肤，有涩不留笔、滑不拒墨的特点。苴却石颗粒十分细小，根据地质矿产部综合岩矿测试中心的测试报告，苴却石粒径在0.0066毫米至0.024毫米，端砚粒径一般在0.01毫米至0.04毫米（见刘演良《端溪砚》），苴却砚比端砚细近一倍。这样的砚石不仅磨出的墨汁颗粒细，发墨好（"发墨"，指墨汁磨好之后，存于砚中一小段时间，待墨与水完全溶合后，所得墨汁质量，光泽很好的情形），而且很"受刀"，可以雕刻十分精细的东西。

2.高品质的石眼。石上有眼，且眼瞳炯炯、鲜活生动，此千古绝伦。苴却石之"眼"有四大特点：质纯、灵动、色绿、形大而多。此四点其他名贵砚石均不可比。所谓"质纯"，指石眼的质地纯净高洁，无瑕疵，无不好的杂质，"如玉莹，如鉴光"；所谓"灵动"，指石眼中有心睛、有环、有晕，三者微妙配合，千变万化，使石眼"睛亮瞳明"，富于灵动之气，"静而观之，如倾如诉"；所谓"色绿"，指石眼的色相碧绿如翡翠一般，历来爱家"贵绿色，贵多层，黄色次之，枯者为下"（赵汝珍《石玩指南》）；所谓"形大而多"，是指苴却砚的石眼大、数量多。苴却砚中石眼直径 20 毫米左右并不少见，最大的达 63 毫米，而历来爱家对直径 20 毫米以上的石眼都看得十分珍贵，且有"七珍八宝"之说，即一方砚上若有七、八颗石眼便视为珍宝，而苴却砚中，常有七八颗石眼置于一方砚之上。

3. 绚丽多彩的膘。苴却砚石不仅有石眼，而且还有绿膘、黄膘、玉带膘、胭脂冻、水藻纹等珍贵石品。其绿膘鲜绿多彩，黄膘纯正亮丽，胭脂冻肉红柔和，复合膘由多种石品花纹混合在一起，膘色彩绚丽丰富，往往形成多姿多彩的天然水彩画。苴却石的膘真是美不胜收，令人叹为观止。（图 2-4-1 至图 2-4-5）

图 2-4-1　一言九鼎砚　青铜石

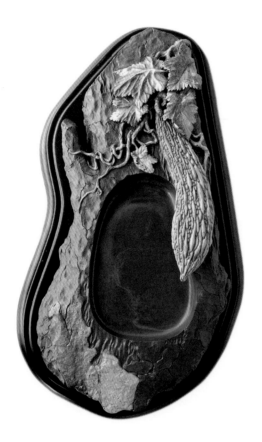

图 2-4-2　春华秋实砚　黄膘

图 2-4-3　彩池牡丹砚　鸡血红

图 2-4-4　祥和观音摆件　绿膘带石眼

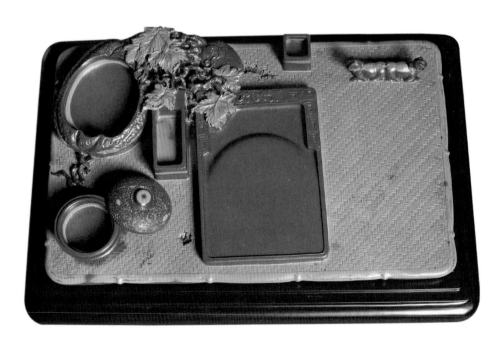

图 2-4-5　翰墨留香　绿膘

五彩砚

第三章　苴却砚的石色和石品

被称为"中国彩砚"的苴却砚，便是缘于其石材的石色和石品的靓丽多姿。了解了苴却砚的美，便要来探究一下苴却石的天生丽质。苴却砚漂亮沉稳的石色、绚丽多变的石品、丰富多样的层次、各种色彩互相重叠渗透等特性，不仅造就了创作的无限可能性，更展现了砚雕作品丰富的内涵和独特魅力。

第一节　苴却砚的石色

石色，指砚石之基调色泽，即某种砚石的主调色泽，亦指砚石中作为主体的矿物质的颜色。

砚石之所以呈现不同的石色，由砚石中包含的矿物质种类及其含量、粒径、硬度、联结方式及干湿度等等原因决定。正因为如此，有经验的砚工及鉴赏者根据砚石的石色能准确无误地区分同类砚石的优劣档次。显然，石砚的石色与石质之间有着某种必然联系，这是石品价值的一个方面。当然，不同类别的砚石或同一类砚石在不同坑的石色是有很大差异的，据此判定砚石的品质是一个具体的经验范畴，不可一概而论。

苴却石的主调石色为黑色透紫，围绕这一基调颜色，各产石处砚石又有变化：大宝哨坑苴却石黑紫偏青蓝，色泽鲜活；平地坑苴却石则黑紫沉凝，偏紫和黑色；小海子坑苴却石黑紫偏灰黄。

在苴却石中，一般认为紫黑沉凝的石砚硬度、温润度、致密度均较适中，故研磨性能最佳，此类砚石大都产于金沙江边下岩，扣之发泥、木声。而黑紫偏青蓝的砚石硬度稍高、稍干燥，颗粒细腻致密，此类砚石多产于金沙江中上岩，扣之发清越之音，色泽鲜活明快，观赏价值极高。水溪苴却石石色偏灰黄，表明砚石结构不甚致密，过于润泽，偏软。如果说前两类砚石各有千秋、爱者各半的话，则比较之下，水溪苴却砚石很少为人所重视。但如果不过于讲究观赏效果和发墨效果，那么，此类砚石较前两类砚石都易磨。

第二节　苴却砚石的品类

苴却石的品类较多，且各品类之石色、石纹差距较大，这也是苴却石区别于其他名砚石的显著特征。苴却石的品类大体上可以分为如下几种：

一、苴却膘石

此类石材在紫黑色的石层中夹有或黄或绿的石层，如猪肉中有肥有瘦的五花肉夹层，故称"膘"。"膘"因基本颜色不同而大致分为"黄膘""绿膘"两大类。

"黄膘""绿膘"根据膘层的渗入状况及晕渗其他石品花纹的程度又可分为"纯净绿膘""纯净黄膘""彩纹膘""褐黄膘""褐红膘""墨绿膘""玉带绿膘""彩线膘"等多种。

特别需要说明的是，文中讲到的"苴却眼石"和"苴却膘石"只限于大致上划分，在实际的制砚实践中，"眼石"和"膘石"有时候很难截然分开，"膘石"带"眼"，"眼石"有"膘"的实例亦时有发现。这种"膘""眼"共存一方苴却砚中的状况又分为三种类型：

一种是"膘""眼"分别生长在苴却砚的不同层次上，也就是说一方苴却砚石材，既有紫黑色石层，其间又夹"膘"层。石眼生长在紫黑色石层中，通过雕刻者的巧妙设计，既巧用了"膘"，又启用了石眼，令石砚"膘""眼"俱全，这不仅是对苴却石石品的最大尊重，而且极大地增加了这方苴却砚的价值。这种情况在"膘""眼"俱全的苴却砚中占绝大多数。

　　另一种是"膘"和"眼"基本处于苴却石的同一个层面上，这主要是因为石材中"膘"厚薄不一，不规则地分布在紫黑色石层中，而紫黑石层中正好生长有石眼。于是，通过雕刻人员的巧妙设计、制作，巧用了"膘"和石眼，令这方苴却砚"膘""眼"俱全，成就其佳品。这种情况在"膘""眼"俱全的苴却砚中属较少数。

　　还有一种情形是石眼直接就生长在"膘"中。虽然石眼周边界限不甚明确，但从石眼有没有"睛""瞳""晕""环"可以判别是真石眼，还是用"膘"做成的圆点。此种情况在"膘""眼"俱全的苴却砚中极少见，因此珍贵。

　　比较而言，上述三种情形中，"绿膘"与"石眼"共生一方苴却砚中的实例较容易碰到，而"黄膘"与"石眼"共生一方苴却砚中且同时生长在同一个层面上的情形极少，可以说如凤毛麟角，故极罕奇、珍贵。如果黄膘中的石眼多呈黄色。（图 3-2-1 至图 3-2-3）

图 3-2-1　苴却膘石

图 3-2-2　苴却黄膘石　　　　　　　　　　　图 3-2-3　苴却绿膘石

二、苴却眼石

　　基本石色为紫黑色、青紫黑色、黑色、褐黑色，其上生长着翠绿、碧绿、灰绿或黄绿色的石眼。通常基本石色偏青紫黑色、紫黑色的石材，其上的石眼均偏翠绿、碧绿色，而且石眼大多睛亮瞳晰，晕环清楚，少杂质，稍事打磨即鲜活明亮，如珠宝碧翠；如果石材基本色泽偏灰黑、褐黑色，则其上石眼也多呈灰绿、黄绿色，虽然睛瞳晕环也清晰，但眼中往往掺有黑褐色杂质。基本石色为青紫黑色、紫黑色的石材，较基本石色为灰黑色、褐黑色的石材稍硬。以观赏价值而论，前者明显优于后者；但若以实用价值而言，前者下墨稍逊后者，但发墨效果尤佳。（图 3-2-4）

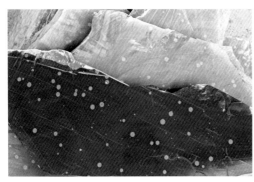

图 3-2-4　苴却眼石

图 3-2-5　苴却青铜石

三、苴却青铜石

此类石材基本石色褐绿、黄绿，其中晕渗着褐黄、褐红等复杂石色。青铜石中的各种石色不像膘石那样在紫黑的石层中，虽然层间非常紧密，但层次清晰，而是无明显层次区别。诸石色往往你中有我、我中有你，自由晕渗，过渡天然，既有明显色块差别，又浑然一体。青铜石较眼石、膘石层间结构更为紧密，更适宜圆雕。用这种石材做成的青铜古器砚，通体透着古雅、沉稳、凝重、华贵的韵味，耐人寻味，极其珍贵。（图3-2-5）

四、苴却瓷石

色彩艳丽，有的石层色调差异较大，鲜亮清晰，泾渭分明。有的石材虽有明显差异的色调，但彼此晕渗自如，尤如在宣纸上浸染过渡，呈朦胧美感。

苴却"瓷石"为苴却石材产地村民约定俗成的称谓。为什么叫"瓷石"，问了许多采石者，均无清楚的解释，我们以为有可能是"彩石"的误传，亦有可能是因为这类石材人为破损的界面类似瓷器而被人信口称为"瓷石"。

图 3-2-6　苴却瓷石

此类石材因为硬度偏高，而且有的艳丽色层玉化程度较高，在古苴却砚及新品苴却砚生产的较长一段时期，基本无人问津。此类石材中往往夹有红色、黄色、绿色等厚薄不一的膘层。这些膘层因为足够细腻和坚硬，近年来，有人尝试将其加工成笔洗、鱼缸、果盘、收藏观赏砚等，才发现此类石材的绝妙特质，认识到了其奇特的观赏、收藏价值。

此类石材中，有的彩色夹层经雕刻、打磨后呈半透明状，色相喜人，极温润艳丽，所以有人又称其为"苴却玉"。（图 3-2-6、图 3-2-7）

图 3-2-7　丰富多彩的瓷石——彩云生处

图 3-2-8　苴却绿石

五、苴却绿石

此类石材储量极少，通体呈灰绿色、嫩绿色，大多不与其他色层混杂，只存在灰绿和嫩绿的过渡，很容易与绿膘石区别，称"苴却绿"。其中生长的石眼因色泽与基本石材相近，也不够鲜亮。但此类石材软硬适中，尤其细腻，研磨性能极佳，且层间联系非常紧密，更适合精微手工雕刻。（图 3-2-8、图 3-2-9）

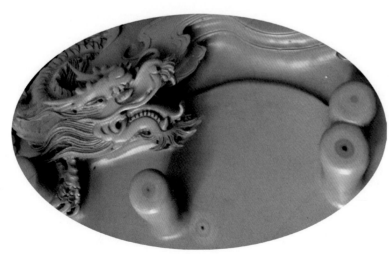

图 3-2-9　绿石（带眼）

第三节　苴却砚的石品花纹

所谓石品花纹，是指掺杂在砚石主要矿物质中带明显色差的矿物质集结。这些集结在颜色上明显不同于砚石基料，但化字成分无大的差别。人们根据石品花纹的色彩或纹理不同为之命名，以便于理解和加深印象。

一、膘类

1. 绿膘

"绿膘"指苴却石中色泽翠绿鲜活的层状集结，或厚或薄，有的整齐规范，有的形态各异。绿膘在苴却砚的石品花纹中较常见，有的面积较大，有时一方砚全是"绿膘"，称"绿膘砚"。

根据"绿膘"的色彩和花纹，大致可分为如下几类：

纯净绿膘　此类"绿膘"色彩均匀，无明显杂质混入，在颜色上分为嫩绿色、翠绿色两种。前者硬度适中，若作为砚堂，可得较好的研磨效果；后者稍硬，具有较高的欣赏和实用价值。

彩纹绿膘　即"绿膘"中混杂、晕渗其他颜色的石层，色彩斑斓，丰富多姿。

墨趣绿膘　即"绿膘"中杂有墨褐、墨绿、黄褐等聚集物或小颗粒，在"绿膘"中形成晕状、点状、线状等纹饰。"墨趣绿膘"一般硬度偏高，有较高的观赏价值。

金星绿膘　即"绿膘"中杂有黄铁矿晶体，或大或小，或密或疏。

玉带绿膘　色层极丰富，在基调绿色中，渗晕着深绿、蓝绿或嫩绿的多种色层。还有一种较浅的玉带绿膘，色泽偏嫩绿，石色更柔嫩温润。由于"玉带绿膘"色纹变幻不定，较少遇见，故有砚石上品之称。（图3-3-1至图3-3-6）

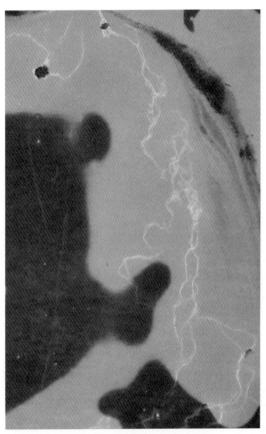

图3-3-1　绿膘（带冰纹）

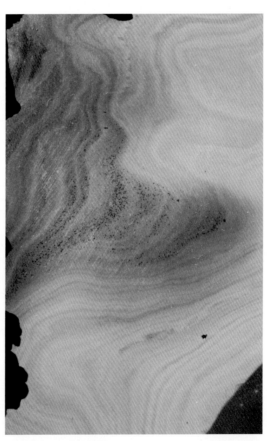

图3-3-2　墨趣绿膘

图3-3-3　墨晕绿膘

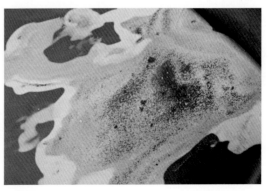

图3-3-4　青花绿膘

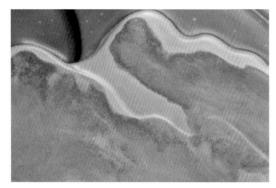

图 3-3-5　彩纹绿膘

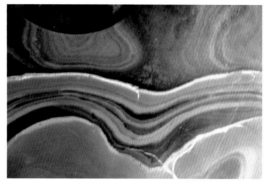

图 3-3-6　玉带绿膘

2. 黄膘

黄膘是苴却石中黄色层状斑块，形状、结构与"绿膘"完全相同，只是色彩为黄色，同时，"黄膘"石中有的渗有黑褐色斑，形成"水藻纹""青花"等石品花纹。黄膘与绿膘融渗在一起的称为"黄绿膘"；黄膘中渗入褐黄、褐红色层者称为"褐黄膘""褐红膘"；黄色中夹有黑色或深褐色斑点（青花），色彩如鳝鱼背的称为"鳝鱼黄"。黄膘首推质地纯净的"金黄膘"，其色彩纯正金黄，耀眼夺目。（图 3-3-7 至图 3-3-11）

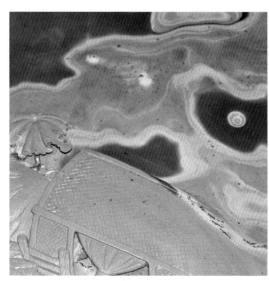

图 3-3-7　彩纹黄膘带

图 3-3-8　金黄膘

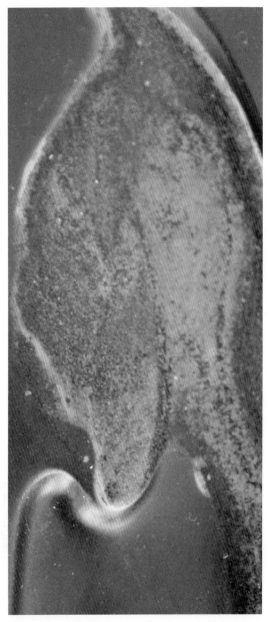

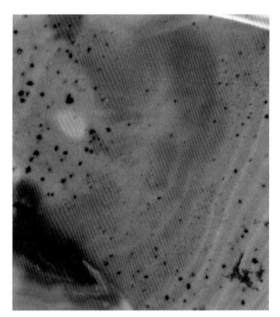

图 3-3-10　彩纹黄膘

图 3-3-9　鳝鱼黄

图 3-3-11　青花黄膘

3. 复合彩膘

多种"膘"混合在一起，其间不仅有绿色、黄色，还有褐色、肉红色、桃花红、鸡血红、白色等，相互穿插，相互渗透，五彩缤纷，形成天然美丽的画面。（图 3-3-12）

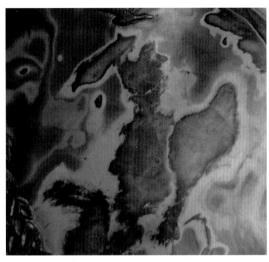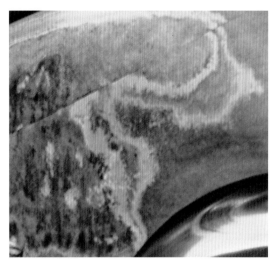

图 3-3-12 复合彩膘

4. 瓷石彩

瓷石，是与苴却膘石、眼石伴生的色彩鲜艳、石质更加细腻润滑的石材。在瓷石中往往出现的鸡血红、肉红、桃红等色层，具有非常高的审美价值。近年来，人们又在远离苴却石坑口的地方发现了类似的石材，亦被看做广义的瓷石。（图 3-3-13、图 3-3-14）

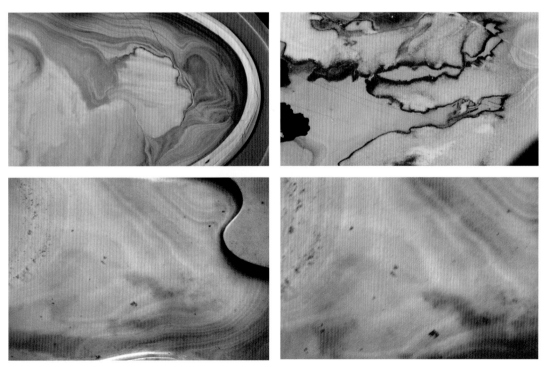

图 3-3-13 瓷石彩

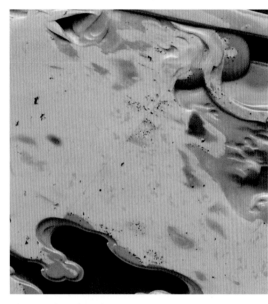
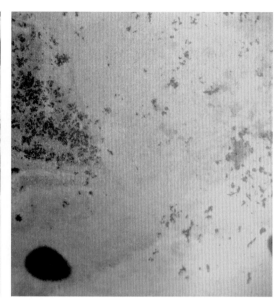

图 3-3-14　鱼肚白

5. 鱼肚白

苴却石表面较薄的绿白色层状物，比绿膘更白，往往附着在黄膘表面。（图 3-3-7）

6. 石皮

苴却石表面天然形成的较硬包围层。"石皮"分"边皮""面皮"两种，前者存在于石砚的四边侧面，后者存在于石砚的上下石面。在断裂成自然形状的苴却石纵横断面，常能得到"石皮"。"石皮"因其不同的矿物质成分而呈现出不同的色彩，有白色、白黄色、深绿色、粉红色、褐黄色、深黄色、桃花红色、鸡血红色等。"石皮"厚薄不定，有的厚达三厘米以上，有的薄得可以透出下面的紫黑砚石。（图 3-3-15、图 3-3-16）

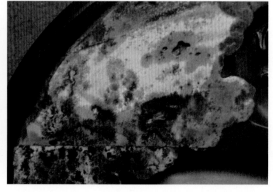

图 3-3-15　石皮

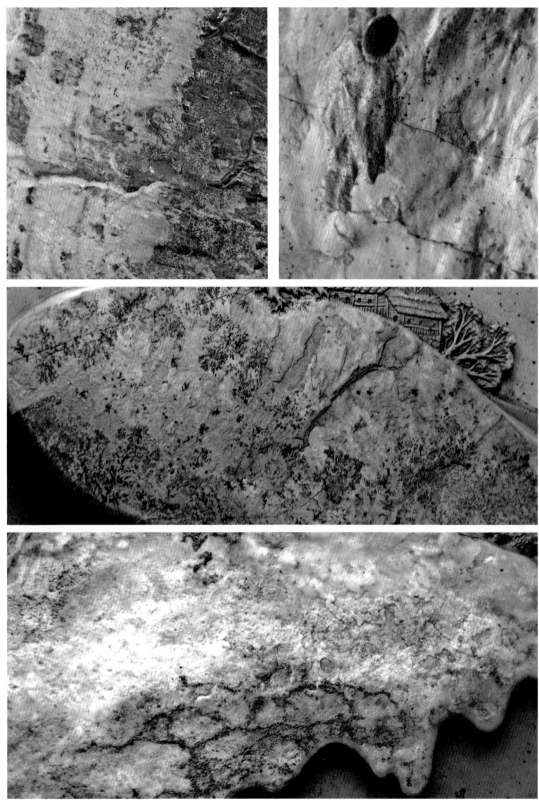

图 3-3-16　石皮

二、石眼类

石眼，是指天然生长在砚石中绿色或黄色的圆形结核，有心点、环、晕等表征，如同鸟兽眼睛。在中国众多石砚中，有石眼的砚石是极少的。历史上端砚的石眼曾为历代文人推崇备至，据传有"七珍八宝"之说，即谓一方石砚上如有七至八个天然石眼，便是稀世珍宝。而苴却砚石中的石眼既多且大，归纳起来一般有三个特点：

第一，石眼形大廓晰。

《端溪砚》的作者刘演良先生在参阅了古人许多论砚的资料后评论说：端砚石眼直径大小不一，一般为 3 毫米至 5 毫米，个别大于 7 毫米至 10 毫米，最大者直径可达 20 毫米。苴却砚石眼在 10 毫米以上者非常普遍，直径在 30 毫米至 40 毫米的石眼也能找到，40 毫米以上的石眼也偶有发现，最大的石眼直径有 63 毫米。苴却砚的石眼轮廓清晰，边缘无晕渗，而端石眼多有晕渗。

第二，石眼数量极多。

与端砚相比，苴却砚的石眼很多。在 5 寸至 8 寸石砚上有 5 个以上直径 20 毫米左右的石眼并不十分难得。而那些有密布如繁星的绿豆小眼的石料则能经常碰到。有一方尺余长的砚料，砚底竟密密麻麻、重重叠叠布满大小不等的石眼（小至 3 毫米至 5 毫米，大至 30 毫米至 40 毫米）200 余颗。这种情形于端砚是难以想象的。

第三，石眼色彩鲜活，睛明瞳亮，环绕晕缠。

苴却砚的石眼主要有青翠绿色、翠绿色、黄绿色、米黄色、黄白色。绝大多数石眼为翠绿色和青翠绿色，其色彩碧翠高洁，稍加打磨即熠熠生辉，无比鲜活精神。少量石眼为褐色。黄膘石一般极少有眼，若有，也偏黄色，便很罕奇。

苴却石石眼有睛、晕、环等。睛、晕、环相互渗透，相互配合，酷似活生生的鸟兽眼，炯炯有神，脉脉如诉，观之令人心动神驰。

1. 根据心睛的颜色分类

苴却砚石眼"心睛"色彩之丰富、变幻之微妙，很难用文字概括，下面只择其明显者作大致介绍。

金星眼　石眼"心睛"为一金黄闪亮之金属粒核（金星）。"金星"呈方型，为黄

铁矿晶体。此类石眼大多碧翠高洁、晴明瞳亮、环晕重重，不易多得。

金睛眼　与"金星眼"不同之处在于，石眼"心睛"不是金黄闪亮的方型金属粒核，而是金黄色的圆型晶体，比"金星"小。此类石眼亦不易多得，最为罕贵。

图3-3-17　火烙金星眼

银睛眼　石眼黑褐色"瞳孔"中央有一点白色矿物质，恰如素描中的高光。仅此一点，便令整个石眼更加鲜活精神，比"画龙点睛"有过之而无不及。此类石眼极少见。

赤睛眼　石眼"心睛"为深红色或血红色物质，又称"朱砂眼"。有此石眼的砚石比较细腻温润，亦不易多得。

墨睛眼　石眼"心睛"为墨黑色粒核。这类石眼较为多见。

褐睛眼　石眼"心睛"为深褐色粒核。这类石眼也较为多见。（图3-3-17至图3-3-23）

图3-3-18　高品质的石眼——宝盒

图 3-3-19　金晴眼　　　　　　　图 3-3-20　银晴眼　　　　　　　图 3-3-21　墨晴眼

图 3-3-22　赤晴眼　　　　　　　　　图 3-3-23　褐晴眼

2. 根据石眼在砚中的位置分类

高眼　古人论端砚，将留在墨池之外的石眼称为"高眼"，这种说法很不确切，常常造成误解。例如，唐询《砚录》中有"眼生墨池外者曰高眼"，后人均以此为据。按此说法，"高眼"既包括"砚堂"内的石眼，又包括"砚额""砚唇""砚沿"上的石眼，但《砚录》又有"高眼尤尚，以不墨淹，常可睹也"。事实上，除了生在墨池内的石眼外，生在砚堂之中的石眼也是注定要被墨水浸淹的。石眼若要不被墨水浸淹，只能留在"砚额""砚唇""砚沿"上。

据此，我们将"砚额""砚唇""砚沿"上的石眼称为"高眼"。人们主要从欣赏的角度，对"高眼"尤为看重。但石眼的生长又常常不由人的主观意志所决定。尤其是许多石眼，往往在加工制作中才剥出来，其生长位置就更不好顾及。由于古砚多以实用为主，而且古人制砚又大都有一定规矩，其形状比较固定（如风字砚、箕形砚、抄手砚等），因而，虽想多得"高眼"，但只能听天由命。许多砚工，囿于传统砚形束缚，在留"高眼"和开砚堂时常顾此失彼，不能两全。所以古书说"眼生墨池外"，而不说"眼留墨池外"，前者就包含着莫可奈何的被动意味。也有极少数高明的砚工，完全打破了传统砚形框框，因材施意，巧留"高眼"，既保留了"高眼"，又不影响砚堂、墨池及砚的整体布局。如明代徐渭珍藏的云龙砚、明代祝允明藏的金猫玉蝶砚等，无愧为珍品。

如何做到既保留砚堂的和谐空间、形状及雕刻空间，又尽能多的保留"高眼"，我们在研制苴却砚的实践中，摸索出了自己的道路，此在石眼巧用一章将专门介绍。

中眼　相对于"高眼"来说，石眼在砚堂内、在墨池上称"中眼"。"中眼"较"高眼"有三个缺陷：一是石眼在砚堂中，破坏了砚堂的纯净，给人以瑕疵之感，有损整体视觉效果。无论古今，贬责石眼者，大多数以此为由。有人甚至认为"眼为石病"（《砚书》）。《砚史》说"砚心必不宜有眼"，便是因为这个原因。二是石眼在砚堂内，本来有睛、有晕、有环，但经多次研磨使用后，必然逐渐磨损，石眼变小，终至消失。若石眼凸出于砚堂中，则有碍研磨，此不言而喻。三是砚堂中的石眼在使用过程中每被墨汁浸没，妨碍观赏。《砚书》有"砚心不宜留眼，以墨掩不堪玩，且磨墨已久，砚凹睛亦图去"。

但即使如此，在端溪，许多砚工在制砚时，如遇石眼，即使在砚堂中，仍极小心地将其保留下来，任其凸起于堂中，毫不理会对研磨的妨碍。这是基于对石眼的珍爱，其良苦用心是可以理解的。

苴却砚生产对"中眼"的处理有一套独特的技巧。总的原则是：将"砚额""砚唇""砚沿"上的雕刻图案巧妙地扩展至砚堂，尽可能使原来闲置在砚堂内的石眼成为雕刻构图中有机的组成部分，进入雕刻层次。

低眼　生长在墨池内的石眼称"低眼"。这类石眼，一般是在加工制作时新剥现出来的。由于砚石形状、整体构图已具初形，雕刻已经进行，石眼来得突兀，又不忍将其随意打掉，故随机应变，因形就势，巧妙启用之。至于如何运用"低眼"，需根据整体砚形、雕刻题材等多方面因素决定，总之要努力避免其闲置在墨池中。

对"低眼"的处理比对"高眼"和"中眼"的处理要困难些。"低眼"虽然免不了常常被墨汁浸淹，但却不存在像"中眼"那样被逐渐研磨耗尽的"苦难"。"低眼"运用得好，可以使整个构图锦上添花。

底眼　留在砚背（砚底）的石眼称"底眼"。古人制作端砚，常将石眼留在砚底，这不失为既保留珍贵石眼，又保证砚堂的研磨空间的较好方法，尤其是对石眼很多的石材的处理更是如此。（如"宋端石百一砚"）

制作苴却砚，如果该石材底、面均有石眼，一般是将石眼好的一面作砚面，另一面作砚底。但如果一面石眼较多，若作砚面，必然开砚堂时要损失一些好石眼，则权衡利弊，将较多石眼的一面保留在砚底，这可看作是对石眼的"敬重"。

凸眼　石眼凸起，高于砚石表面称凸眼。在将石眼削磨至中央"心睛"的过程中，有时必须降低石眼周围的砚面，这样，石眼必然突出，将其修削成珠宝状，以凸显石眼的观赏价值，增强视觉效果。"凸眼"因视觉效果鲜亮，很讨人喜爱。

石眼是否处理成"凸眼"，一则根据雕刻题材或构图需要，二则根据加工制作中保护新出现石眼的需要。

例如，在开砚堂或墨池时，新出现的石眼，既要保证不损伤石眼的睛、瞳、晕、环，又要保证砚堂或墨池的适当深度，即可以令石眼凸于砚堂或墨池中。

平眼　石眼与其周围砚面平，称"平眼"。石眼处理成"平眼"，虽不"先色夺目"，但其天然丽质，一目了然，且毫无故作之感，更弃嵌镶之嫌，不可能伪作，故许多藏砚者最推崇"平眼"。"平眼"之处理，根据雕刻题材及整体构图而定。

凹眼　石眼低于周围砚面称"凹眼"。有的石眼虽已得见翠绿色，但"心睛"尚未剥出，根据整体设计要求或雕刻之特殊需要，如不能降低砚石厚度，为了得见石眼的心睛，便只能降低石眼本身，这就形成了"凹眼"。

苴却砚生产很看重这类石眼。如果此类石眼生长位置适宜，甚至可以全盘修改整体设计以完善该石眼。例如，或以龙爪摄之，或以云雾绕之，或以松竹遮之，或以水波掩之……总之，着意让紫黑色砚石色调将翠绿色的石眼半遮半掩，获含蓄朦胧之美感，真所谓"犹抱琵琶半遮面"，更显脉脉含情、楚楚动人。

如果此类石眼因生长位置不当而不能启用（如生砚底、生墨池中、生砚侧等），不能成为雕刻题材的有机部分，即使"心睛"未露，也应剥露出该石眼之"心睛"，不惜令石眼低于观面，成为有睛、瞳、晕环的"凹眼"。

"石贵有眼""眼贵有睛"，只要石眼"心睛"尚在，不将其显露，这是对石眼的不尊重，也不利于对石眼的观赏、品玩。但如果此类石眼生于砚堂之中，为保证研磨效果，切不可为救石眼"心睛"而粗暴地挖坑琢穴。这类石眼"生不逢地"乃是它的悲哀，制砚者对此爱莫能助。

3. 根据石眼的鲜活程度分类

活眼　石眼有"睛"者称"活眼"。古人说："眼贵有睛"，磨至半则睛显，过半则睛去矣"（《砚书》）睛在则眼活灵如生，石眼之精妙全赖于此。石眼除"死眼""瞎眼"外均为"活眼"。

死眼　徒有石眼形色，但无睛、瞳、晕、环之一者，称"死眼"。

苴却砚的石眼原本都有"睛"，但由于开采自然破损、人工切割或加工不慎等原因，将石眼的"心睛"或瞳、晕、环损坏，这便成了"死眼"。

"死眼"较之"活眼"虽然其观赏价值骤跌，但由于色彩鲜活、形态玲珑，且系天然造就之物，故仍不失其精妙，依然具有较高审美价值。如果"死眼"生长位置合适，可将其雕刻成小生物以点辍整体（如同齐白石先生的许多中国画作品那样），亦可使石砚增辉。

瞎眼　（翳眼）石眼心睛已去，但尚存瞳、晕、环者称"瞎眼"。或"心睛"已过，瞳、晕、环三者中尚存一者，亦可归于"瞎眼"类。"瞎眼"之观赏价值介于"死眼"和"活眼"之间。

4. 根据石眼的外形划分

连眼　两个及两个以上的石眼在一个平面上部分连结在一起，有的几乎连成一个石眼，称"连眼"，此从睛、瞳、晕、环及形态上可以分辨。

叠眼　两个及两个以上的石眼上下重叠在一起，互相连结、遮盖，高低错落，谓之"叠眼"。

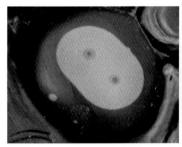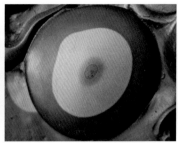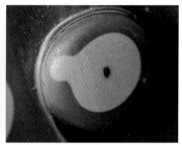

图 3-3-24 连眼、葫芦眼

葫芦眼 石眼形状如葫芦，其实是一大一小两石眼相连而成，色泽有翠绿、黄绿二种，有睛有瞳，大多无晕、环。（图 3-3-24）

5. 根据石眼的"纹彩"划分

彩眼 某种石品花纹与石眼重合而使石眼"出彩"的情形。

青花眼 石眼虽然有睛、瞳、晕、环，但不甚均匀，其间又明显夹杂着黑褐色或黄褐色的不规则的青花点。有时晕、环也由这些青花斑点组成。此类石眼一般为黄绿色、黄白色，比之"碧翠眼"，不太鲜活净洁，但瑕不掩瑜，尤其是雕刻朦胧月景更觉真切。凡有此石眼的砚石必有"青花"或"青花结"。此"青花"在石眼中清晰可见，在砚堂中则需要浸清水乃见。

冰纹眼 石眼被乳白色冰纹划破，如薄云掩月。这类石眼一般为嫩绿色，石质温润，研墨极佳。配以特殊题材的雕刻更绝妙。

鱼籽纹眼 石眼除睛、瞳、晕、环外，其碧绿部分由整齐规矩的"鱼籽纹"构成，肉眼可见。此类石眼大多数色彩翠绿鲜活，石质细润温坚。

图 3-3-25 青花翠睛眼　　　　　　　图 3-3-26 鱼籽纹金星眼

此外，还有"水纹玉眼""金、银线玉眼""金星玉眼"等多种石眼，不再一一赘述。（图 3-3-25、图 3-3-26）

6. 根据的石眼的颜色划分

碧玉眼　石眼色彩翠绿色泛青蓝，碧翠如玉。此类石眼大多睛亮瞳明，晕环清晰，鲜活精神，观赏价值很高。

"碧玉眼"又分为"青翠碧玉眼""绿翠碧玉眼"等，有时石眼"心睛"为"金星"或"金睛"，则更为难得。

黄眼　石眼为黄色，其晕、环显得不甚清晰，常有褐斑混杂其间。有此类石眼的砚石石质偏软，色泽泛灰。

三、纹理类

1. 水藻纹

苴却石中呈现的水藻状花纹，色较深，有黑色、深绿色、褐色等，观赏价值很高，备受推崇。水藻纹不仅生长于膘石之中，也生长于青铜石中。（图 3-3-27、图 3-3-28）

图 3-3-27　水藻纹　　　　　　　　　　　图 3-3-28　水藻纹

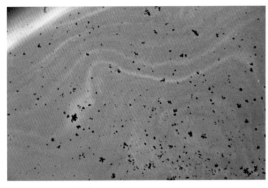

图 3-3-29　青花

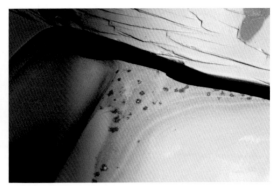

图 3-3-30　青花结

2. 青花

"青花"是天然生长在砚石中颜色较深、偏青的形如小草、松花的斑点。苴却石的"青花"颜色主要有：青蓝、褐绿、蓝绿、墨绿及褐绿等。有的"青花"愈细微，色彩越淡，在砚石中晕渗愈紧，分布愈均匀；有的"青花"较粗较浓。有学者根据"青花"的不同形态，比喻其像微尘，或如雪花，或如雏鹅胎毛，或如萍藻，或如蝇脚，或如松花等。

青花与水藻纹的区别在于：水藻纹生长于砚石表层，用磨石可以磨掉；青花生长于砚石内部，不仅不能用磨石轻易磨掉，而且可以从砚石中磨出来。（图3-3-29至图3-3-32）

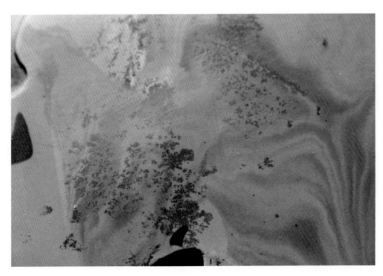

图 3-3-31　青花

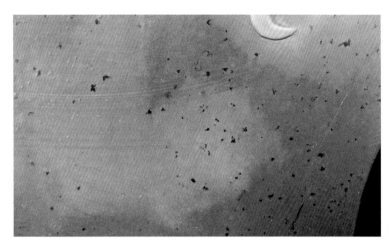

图 3-3-32　青花结

3.冰纹

冰纹又称"冰纹冻"。苴却石的冰纹色偏乳白，粗细不一，自然蜿蜒，如同地形图上的河流分支。有的学者根据"冰纹"形态，将其分为"云纹""水纹"等多种。

"冰纹"的颜色与黑紫的砚石颜色成鲜明的对比，很明显是砚石的夹杂物，但"冰纹"与周围的砚石又融合很紧密，即使重击，也很难将它们分离开来。

有的学者在实践中发现，有"冰纹"的砚石一般细腻湿润，韧性极好，研磨效果好，如果砚石中再有"青花"则研磨效果更佳。另外"冰纹"质地细嫩，形态自然，色彩纯洁，有较高的欣赏价值。许多人对"冰纹"的偏爱超过"青花"。

"冰纹"如果是生长在含"绿膘"的砚中，白绿相衬，观赏价值高，称"冰纹绿膘"。"冰纹"如果生长在砚石的石眼中，将碧绿的石眼云缠雾绕，又别有一番情趣。（图 3-3-33、图 3-3-34）

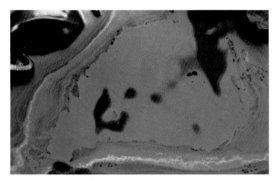

图 3-3-33　冰纹

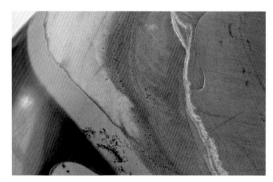

图 3-3-34　金黄火烙、冰纹、青花

4. 水纹

"水纹"分为两种类型：

第一类型称"显见水纹"（即上文"冰纹"中的一种）。这类"水纹"线条流畅，粗细相间，清晰可见，并且色调浓淡相宜，和谐柔美，观赏价值较高。

第二类型称"隐见水纹"。这类"水纹"形态有的似静水微澜，有的似整齐的鱼鳞。"隐见水纹"一般不仔细观察不容易发现，须将砚堂打磨光洁后置清水中，"水纹"即出，泛泛欲动。一般有"隐见水纹"的砚石细腻温润，硬度适中，与同类砚石相比，更佳于研磨。（图3-3-35）

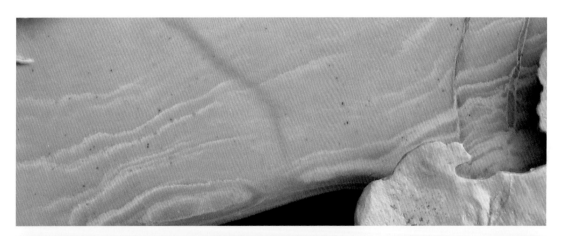

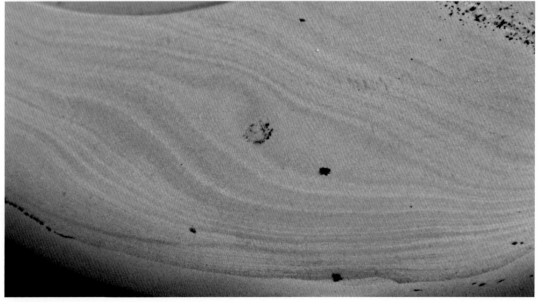

图3-3-35　水纹

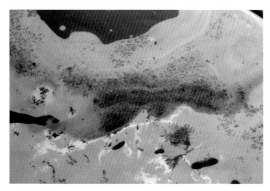

图 3-3-36　火烙、冰纹、青花等

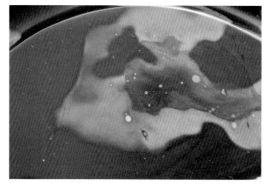

图 3-3-37　火烙、青花

5. 火烙

"火烙"又名"熨斗焦",它的颜色和形状都像被火烙伤一样,呈褐黄、褐红或褐黑。"火烙"有深、浅、霉、艳等不同的色泽。据分析,"火烙"的主要成份为赤铁矿、褐铁矿、黄铁矿粉末。由于"火烙"形成过程中伴随着岩矿运动,有的铁质粉末呈线条纹状集聚,有的呈环状、旋涡状集聚,有的呈块状、条块状集聚,有的铁质粉末中含赤铁矿氧化程度不同而形成浅紫红色,称"胭脂晕火烙"。"火烙"的色调变化很大,例如有熟褐、黄褐、褐黄、褐红等等,不一一列举。（图 3-3-36 至图 3-3-38）

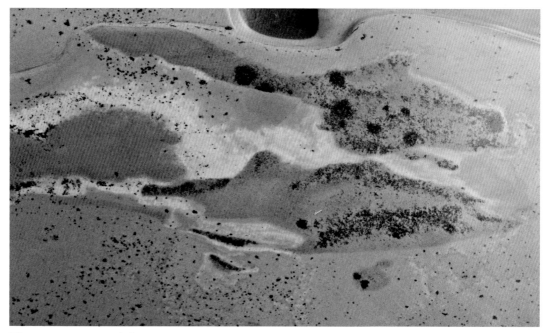

图 3-3-38　火烙、翡翠斑

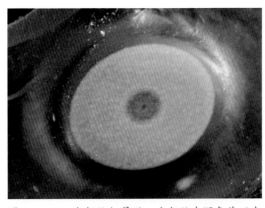
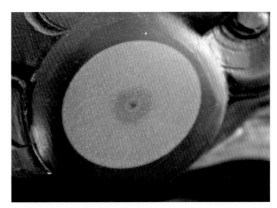

图 3-3-39　鱼籽纹红晕眼　鱼籽纹在深色基石中
不易看出来，只在石眼的绿色部分清晰可见

图 3-3-40　鱼籽纹泪眼

6. 鱼籽纹

"鱼籽纹"属"隐见纹"类型，形状像鱼子一样整齐密集。"鱼籽纹"有时是一部分，有时密布整个砚面，有时出现在石眼或绿膘中。在深色砚石中的"鱼籽纹"一般不容易看到，只有在打磨光洁以后，用水浸湿，才能看得见。在下图中，我们可以看到石眼上的"鱼籽纹"。（图 3-3-39、图 3-3-40）

7. 斑

斑是生长于苴却石上的大如胡豆、小如绿豆的颜色不同的斑块。斑的颜色有绿色、褐色、黄色等。绿色的又有翠绿、青绿、嫩绿、黄绿、白绿等多种。翠绿色的又叫"翡翠斑"。黄色斑纹中色彩靓丽的称为"金黄斑"。褐色斑纹又称为"黄褐斑""麻雀斑"。（图 3-3-41 至图 3-3-43）

图 3-3-41　翡翠斑

图 3-3-42　金黄斑

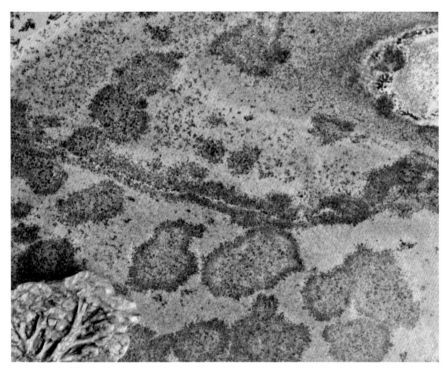

图 3-3-43
鹧鸪斑

8.线

线的颜色有金黄、金红、白、褐、绿、蓝等。其形状细长，有的粗细均匀，线条笔直穿过砚石；有时粗细不匀，斜插入砚面。颜色金黄或金红的称为"金线"，白色或灰白色的称为"银线"，褐色的称为"火烙线"，绿色、蓝色或杂色的称为"彩线"，如此等等。"线"与"冰纹"的不同处有二：其一，"线"多为直硬线条，少分支；而"冰纹"曲折蜿蜒，有分支。其二，"线"镶嵌砚石中有明显的界限，硬度较高；"冰纹"与周围砚石融渗紧密，有迹无痕，颗粒细嫩，硬度适中。（图 3-3-44 至图 3-3-47）

图 3-3-44　彩线

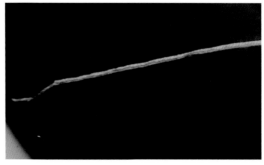

图 3-3-45　金线

图 3-3-46　银线　　　　　　　　　　　　　图 3-3-47　金银线

9. 金星（金点、铜钉）

"金星"是天然镶嵌在砚石中的金黄闪亮的块状铁质晶体，颗粒或大或小，分布或疏或密。"金星"置石眼正中称"金星眼"，较为珍贵；"金星"密集于"绿膘"中称"金星绿膘"（一些金点会发黑，图片上能清晰可见）。"金星"硬度较高，常伤雕刻刀锋刃。在雕刻中巧用"金星"，则可使砚获得较高审美价值。（图 3-3-48）

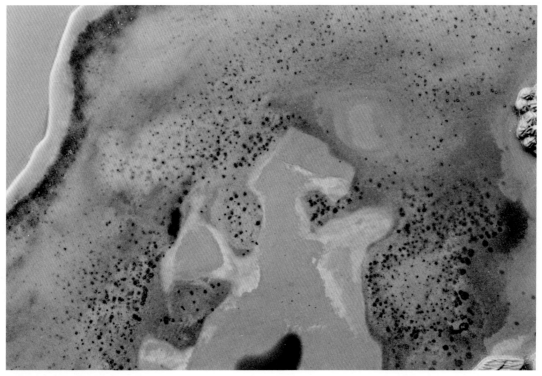

图 3-3-48　金点

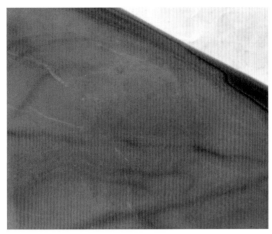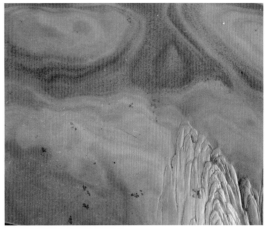

图 3-3-49　胭脂晕　　　　　　　　　　图 3-3-50　胭脂晕带青花

10. 胭脂晕

"胭脂晕"分两种：其一，紫黑的砚石其中某一部分色泽尤其紫红，与其他砚石晕渗过渡自然，很难划定界限，但仔细辨认，其色彩差别又是存在的。若将整块砚石置浅水中或与其他砚石放在一起比较，紫红色更显著。放大镜下观察，可见到有波状隐匿纹向外扩展，此又称"胭脂冻"。其二，色为玫瑰紫红，有的稍艳，有的稍暗，呈"膘"状，但色泽、动感明显。多与火焰共生，或如云雾弥漫，或似水波浩淼。常与膘层晕渗一起，整体观之，色彩界限不是极鲜明，过渡自然，变幻无常，尤可观。此类石品花纹常伴有"金红线"，其观赏价值极高，但研墨稍逊。还有色如桃花、呈水红色的称之为"桃花晕"，因色彩鲜艳而受到人们喜爱。（图 3-3-49 至图 3-3-51）

图 3-3-51　胭脂晕

仿古龙纹砚　精细雕刻的古纹饰和文字

第四章　苴却砚的制作

　　一千个读者就有一千个哈姆雷特，一万个苴却砚工匠，就
会有一万种雕刻——不同构思、不同设计、不同雕刻、不同打磨、
不同铭文钤印……不同的技法，无论分成数道抑或数十道工序，
都凝聚着雕刻者的思想和审美。就让我们一起去了解一块原石成
为一件艺术品的奇妙历程吧。

第一节　设备和工具

工作台，要求台面高度适当，稳当、结实，最好能够旋转和定位，可升高降低，以便雕刻时可随意升降和固定雕刻物的方向。

椅子，高矮适当。

台虎钳，用作制作加工工具和夹石料。

切割机，用于裁切砚料。

凿子数把，用来选石料、开石片和找石眼用。

木锤、铁锤，用来雕刻粗形时敲打用。木锤最好用较硬较重的杂木做成。

粗形打型刀，不同型号的数把。

铲刀，制砚时铲出较大平面（如砚堂、砚底）时用。

刻花雕刻刀，不同型号的数把。

磨刀石。

其他工具：不同型号的砂条、钢砂布和水磨砂纸、木盆、小凳、木板，用于打磨刻好的石砚。（图4-1-1）

图4-1-1　雕刻工具

第二节　采石选料

一、采石、运石和存放

苴却砚石的主要矿点位于金沙江边半岩上，道路十分险峻。采石者用锤、钎、凿等工具开山取石，把挑选好的砚石，用背架背上，沿着悬崖陡壁，匍匐攀援而上，再背到运输机具能到的地方。在运输和保管当中要注意轻拿轻放，以免裂层。好的砚石，装上车前要用稻草绳、塑料泡棉等柔软的东西包扎好，以防碰裂损坏。

图 4-2-1　存放石料

石料堆放时要归类放置，厚的和薄的分开，不可高堆重压，以免压裂，也不要存放在日晒雨淋的地方。攀西地区阳光强烈，在日光曝晒下石料的温度非常高，可达到烫手的程度，若突然被雨水一淋，就容易出现裂纹。（图4-2-1）

二、选料

选料是关键的工序之一，一般有一定经验的人才能胜任，须深谙砚石的特性，对石质、石眼、石品花纹以及有无裂纹等能够有较为准确的判断。否则，可能会使一些珍贵石品花纹得不到很好的运用而失去价值。选料的方法主要有洗、看、摸、敲等。（图4-2-2）

图4-2-2　选料

第三节　构思设计

这里所谓的设计是指对一方将要制作的砚进行全面、具体的设想和构思，一般应通过图纸或文字把形式固定下来，也可用毛笔在砚石上直接描绘。设计体现了设计人员的水平和艺术修养。在设计的过程中，先要认真地观察石料的品质和石眼的成色、大小、位置，了解各种石品花纹的形状、色彩、位置等，反复推敲，腹稿基本打好，心中有数之后，方可绘制设计稿。须知，苴却石的石眼和石品花纹除在设计前观察到的外，在制作中又可能随时出现，这种情况下，制砚者便须再设计，故设计的过程是一个动态的过程。为有效地利用和凸显砚石的石眼和石品花纹的美感，在一方砚未完成之前，反复多次修改设计是经常的事。

设计是砚雕创作的关键环节，一方砚若设计得好便成功了一大半，若设计得不好，以后的雕刻无论如何也很难弥补设计之不足，因此，设计贵在创新。设计思路主要有三：构思奇巧、设计合理、构图和谐。

一、构思奇巧

构思奇巧包括意境深遂、风格高雅、巧形俏色等内容。意境深遂，这里指作品所产生的雕刻景物之外的意趣，或诗情、或画意，状此情此景于目前，言不尽之意于目外，使人产生"此中有真意，欲辩已忘言"的审美愉悦。因此，意趣盎然、富于艺术个性、

图 4-3-1　设计

耐于咀嚼、回味良久者往往为人推崇。风格高雅，指构思的格调脱俗，透过作品能让人感受到一种震撼人心的气质。风格高雅者如出水芙蓉、鹤立鸡群，气度不凡，被视为上品；反之，平庸俗套者则为下。巧形俏色，指根据原石的形态、肌理和色彩进行巧妙的艺术处理。巧形，就是要顺应原石的天然形态、石眼的位置和大小、石品花纹的形状和动态等来构思造型，使所塑造的形象既顺乎自然，又与原石的态势和肌理有机结合。俏色，主要是运用石品花纹或石眼在色彩上的差异来构思造型，使所塑造的形象，或在色相上相似，或在色差上类似，从而形成丰富的色彩关系。如用黄红膘雕刻的一只蜈蚣，脚呈红黄色，背渐深红色，与真的无异。用鳝鱼黄膘雕刻的核桃、花生也是如此，足以乱真。（图 4-3-1、图 4-3-2）

图 4-3-2 设计稿

二、设计合理

设计与构思是紧密联系的，首先应避免模式化、流于俗套。如前所述，按照因材施艺的原则，由于石材千差万别，故设计亦应件件有新意。若遵循一个模式，件件相似，难免显得生硬俗套。砚的设计还要考虑到其品种和功能。例如实用砚主要考虑使用上的方便，砚堂和砚池应有一定的容量。一般砚池、砚堂中应能容纳一定直径的圆形，以便于研墨。砚池、砚堂的位置应让使用者顺手，感到方便。观赏砚则以具有较高的观赏价值为设计之宗旨，要求作品首先满足造型的整体和谐及艺术个性的体现。这类砚的砚堂、砚池、砚额、砚缘等设计较为灵活，务求变化，务求新颖，各部分的比例和大小亦不必苛求，甚至可不设计砚池、砚缘，总之，一切以美观新颖为目的。实用与观赏相结合，在设计上要兼顾这两个方面的特点。无论哪种砚，在设计上都要求外形美观、比例协调、图案布置匀称、重心稳定，以符合人们观赏时的习惯等基本要求。

三、构图和谐

构图是设计的重要环节，它有时体现在设计稿纸上，并贯穿于整个制砚过程之中，有时酝酿产生于制砚者心中，并在制砚的过程中不断地调整、修改和完善。

砚的构图，大都遵循绘画和一般雕刻的构图原则。从苴却砚的雕刻来看，在构图上尤其讲究整体感以及主与次、虚与实、疏与密等的关系，讲求其对比和协调，注重作品整体上的诗情和画意，追求意境营造。

整体感 苴却砚的雕刻十分讲究整体的视觉效果，一切局部和细节均服从于整体的造型要求。局部和细节能服从于整体的，能很好地为整体服务的，叫做整体感强；反之，则叫做缺乏整体感或没有整体感。这便是罗敬如先生常说的"如果整体关系不好，哪怕细节处理得多么精致、多么生动，也是没用的，甚至反而有坏的作用"。有时为了获得好的整体效果，不得不忍痛割爱，把一些雕得很精致的细节打掉，"不求工细，但求气韵生动"。故制作中高档砚时，每一块砚石在手，都要观察、体会多时，以深谙石头之神韵。若一时未得要领，便又放下，过几日再拿出来观察，如此反复多次。为了便于观察，需将砚石洗刷干净，剔除破裂的地方，甚至还要做一些粗略的打磨。心中有了整体的构想后，才拿出绘图纸作设计稿或用墨直接在石料上画。作设计稿的第一步就是要确定一个整体的态势，把握整体的气韵或意境。一切要以整体为纲，从砚池、砚堂的形状设计到一景一物的摆设、布局，均从整体出发，调整到满意为止。

　　主次关系　有些民间雕刻不太注意构图的主次，每每平均用力。而苴却砚雕刻却比较讲究主次关系，这与上述对整体感的要求是一致的。所谓主，指某景物或某部分在构图中具有主导的地位和重要作用，是构图中的主体和主要的部分，是作者构思的焦点、艺术的兴奋点，因而也是作者注意的中心，体现了作者的艺术兴趣之所在。反之，则为次。主与次是相对的，相互比较而存在的。把握主与次的关系，可以提高作品的整体感和视觉效果，增强作品的视觉冲击力，吸引观赏者的注意力，从而强化作品的意境，提高作品的艺术感染力。

　　要处理好主次关系，就不能对主要部分和次要部分平均用力，要使主次形成一定的对比和反差。对于主要部分的设计，应给予充分的刻画，造型饱满，深镂细刻；而对于次要的部分则可以简略一些，或浅刻略凿，或大块空白，不动刀斧。

　　虚实关系　苴却砚的设计还讲求"虚实相生，以求生动"。所谓实者，即刻画充分、刀斧密集、造型实在。所谓虚者，即刀斧疏略、刻画概括、造型隐约。虚实往往与主次联系在一起：主要的部分实，而次要的部分虚。但有时也不尽然，主要部分有主要部分之虚实关系，次要部分亦有次要部分之虚实关系。有时，为了获得特殊的效果，也对次要部分的某些具体景物进行精细、实在的刻画。

　　疏密关系　所谓密，指构图中造型密集、充实、紧凑，反之为疏。苴却砚的构图十分讲究疏与密的对比和结合，密处层层叠叠，密集而相让，疏处景物稀疏，造型寥寥，或留做空白，即"意到笔不到"，是谓"宽能走马，密不透风"。

　　从上述的简单介绍不难看出，砚的设计构图不仅要吸收中国传统绘画的许多营养，而且要结合石雕艺术的实际，才能设计出好的作品。

第四节　做坯和雕刻

裁切　裁切就是根据设计，将砚料裁切成形。"子石砚"（砚形是天然形成的）无须裁切。前人裁切砚石主要依靠手工锯石，故称裁切为"锯石"，劳动强度大，效率低。现在可采用切割机切割砚石，当然手工操作的小钢锯还是有用的。（图4-4-1）

图4-4-1　裁切

图 4-4-2　粗胚

　　粗坯　指正式开始雕刻砚前的坯料。做粗坯的任务是处理好砚侧、砚底的基本形状。砚侧之形态有几种：一种是砚侧上下垂直一致，整齐光滑；另一种弧形的腰鼓边；第三种是自然边，即保留天然原石的形态，不留人工痕迹。

　　制好了砚侧的形状后，便可根据砚料厚薄大小，处理砚底，留砚脚。挖砚底的时候也许会出现石品花纹和石眼，若石品花纹、石眼比原设计还好，可考虑翻作正面，重新设计、制作。若石品花纹、石眼不如原设计，可留在底部，另作艺术处理。无论哪种情况，在砚底处理工作中遇到石眼均应保留。

　　砚底挖成凹形，既可以减轻砚的重量，又利于镌字铭文，使刻在上面的字不致磨损，还能减少接触面，使砚容易放置平稳。（图 4-4-2）

　　打粗形　打粗形是砚面雕刻的第一步，即用打形刀打出砚面雕刻的大体形状和图案。打形可分为两步：第一步是打砚堂和砚池，第二步是打制雕刻图案的粗形。要求打出雕刻图案的轮廓、凹凸关系和层次关系。在打制过程中，要注意保持一定的厚度。不断地调整轮廓和凹凸关系，分清层次。在打形中发现的石品花纹、石眼要重新构思，酌情修改设计，以充分利用这些石品和石眼，发掘其审美价值。

　　粗雕　打粗形的工作完成后，离成品就不远了，这时可进行粗雕和精雕。粗雕，是对图案部分基本形的雕刻。例如，树叶是一簇一簇的，粗雕就是要雕出树枝与每一簇树叶的关系和形态。又如龙的粗雕，除鳞甲和细微部分外，就要把龙身的基本形态都雕刻出来。又如人的头发、龙头部的毛须，亦是一簇一簇的，粗雕的任务就是要分清这些毛簇。粗雕一般应把握先易后难的原则，先雕容易的，后雕困难的，这样有利于把握整体关系。（图 4-4-3）

图 4-4-3　粗雕

图 4-4-4　精雕

精雕　精雕是对图案精细部分的进一步加工。例如，树叶的叶片、叶子的筋脉、龙的鳞甲、龙须的刻画、眼睛的细微部分以及其他部分的刻画和对形体不够干净、光洁地方的处理等。精雕可按先难后易的顺序进行。深透雕一般应先雕里面后雕外面。精雕时要勤磨刀，保持刀刃锋利，才能雕得精致、雕得干净。（图 4-4-4）

调整　一方砚雕完后还要认真观察，小心收拾，精心整理。对不满意之处还要进行不断调整，直到满意为止。

调整要遵循"整体—局部—整体"的基本原则，即从整体到局部再从局部到整体的不断循环往复的调整和修改，直到造型准确、生动，层次分明，高低深浅关系正确为止。调整过程中，要随时注意整体与局部的照应，使局部服从于整体。

第五节 打磨

打磨就是对石砚进行磨制，使其平整、光洁，去掉不应有的刀痕或石纹。前人说"三分雕刻七分打磨"是有一定道理的。因为经过打磨之后，雕刻的形象光洁、圆润。除去不应有的痕迹，打磨还可以使砚体各部分统一和谐起来，使之成为一个完整的有机体。即使是有意留下的刀迹、凹凸石纹等，亦须适度打磨，而去其生硬，使其圆熟。从某种意义上说，打磨是雕刻的有机组成部分，是雕刻造型的一种手段。

打磨要先粗后细，由粗磨依次过渡到细磨。（图4-5-1）

图4-5-1
打磨

第六节　封

制好的石砚，经过"封"的处理，使石色充分彰显出来，也可以延缓风化过程，延长石砚寿命。封的方法有多种，如蜡封、墨封、油封等。暂不使用的砚一般要全封，即连砚堂、墨池也封，使用时将砚堂、墨池启封。前人对封砚有不同看法，认为砚之上封如"隔云见日，昏翳闷人"，且蜡油不下墨，此语有一定道理。故对较高档的苴却砚，我们一般采用先封再启封的办法，以保持砚石之原有色泽。（图 4-6-1）

图 4-6-1　蜡封

第七节　命名、铭文、钤印、镌画

一、命名

一方砚诞生之后，往往要为之命名。若砚名起得好，可起到画龙点睛的作用，使作品大为增色，故制砚者十分注重为砚命名。一般中、高档砚均富于想象，善于发掘作品的深意。苴却砚命名主要有以下一些方法和特点：

1. 概括提炼作品的构思和题材。大多数命名与砚的构思和题材直接相关，并对题材和构思加以提炼和概括。如以敦煌飞天造型为题材的，命之为"飞天砚"；以"长河落日圆"之诗意为题材的，命之为"长河砚"；以"孤舟蓑笠翁，独钓寒江雪"为题材的，命之为"江雪砚"。

2. 发掘和深化题材和构思。此法不仅仅停留在对题材构思的概括和提炼上，而在深化题材方面下功夫，使砚名与题材、构思既有联系，又不直接呼出题材，与之若离，含而不露。例如"水落石出砚""听泉砚"等。

3. 发掘石品花纹、石质之美感。这类命名需深谙石质、石品花纹的形、色、质、纹，找出其最重要的特点或妙处，并充分发挥想象而命名。例如，一方石色尤其紫红沉凝、石质尤其柔嫩细腻的砚，命名为"紫云砚"；一方砚额布满"黄膘""绿膘""黄鳝纹""火烙""冰纹"等石品花纹的砚，其整体色调金黄而老练，命之为"秋色砚"；一方上方刻一黑色的龙，砚池是"墨趣绿膘"的砚，其花纹自成一团，如深水旋流，命之为"黑龙潭砚"。

4.命名讲求文雅。砚皆文人雅士之爱物，苴却砚的命名较讲究文雅脱俗。例如以陶渊明为题材的，命之为"爱菊砚"。又如"乘风砚""邀月砚""思乡砚""清泉砚"之类，都较富文气。

砚名不宜太长，太长则不便称呼记忆，一般为三四个字，不超过六个字。

砚名命定之后，可将砚名镌刻于砚身之上，有的还铭文以说明命名和更名之理由。如清代计楠，命"双清砚"时题："梅之香也古，竹之劲也贞。尔以刻其砚，名之曰双清"。（见《题奚铁生梅竹双清砚铭》）

二、铭文

铭文者既可以是砚雕作者，也可以是其他人。有的藏砚爱家自己动手铭文，使砚更为己所爱。铭文的功用大致有四：其一，有的砚整体感欠佳，可适当铭文占据一定位置以调整构图的布局、重心等；其二，记载作者、爱家对砚之鉴赏的感受、体会和评价；其三，记录雕刻制作、收藏的时间、地点等其他事项；其四，还可通过摹刻他人的书法、镌刻古人诗句以表达自己对砚的感受。

铭文的地方很多，砚之六面均可铭文。多数砚砚底制成凹形，以便铭文而磨损不到。亦有观赏砚直接在砚堂中铭文的。在砚之正面铭文时，应注意文字与雕刻纹样的配合，以保持或提高构图之和谐，不可弄巧成拙。

古人之铭文颇多妙趣，文意雅然。许多古砚因有铭文而身价倍增。例如，清代程庭鹭《梁大同元年砖砚铭》中记："土花碧、墨花紫、千三百年我铭此。"宋代文豪苏轼为砚铭文可谓多矣，"洗之砺，发金铁。琢而泓，坚密泽。郡洮岷，至中国。弃于剑，参笔墨。发丙寅，斗南北。"（见《鲁直所惠洮河石砚铭》），"月之从星，时则风雨；汪洋翰墨，得此是似；黑云浮尘，漫不见天，风起云移，星月凛然。"（苏轼《从星砚铭》，见刘演良《端溪砚》第8页）。又如苏轼为王平甫铭砚："玉德金声，而富于斯。中和所重，不水而滋。正直所冰，不寒而澌。平甫之砚，而轼铭之。"宋岳飞砚，背镌："持坚、守白，不磷（薄），不缁（黑）。"此八字铭体现了岳飞矢志不移抗金到底的精神。

图 4-7-1　铭文

后来文天祥得此砚，又镌铭以明志"砚虽非铁磨难穿，心虽非石如其坚"，铭文与文天祥浩气长存。（图 4-7-1）

三、钤印

钤印就是在砚上刻制印章。所刻印章既可与雕刻的图案配合，起到调整构图的作用，也可与铭文配合补白，起调整篇章结构的作用。印章的内容，既可以是雕刻者、收藏者、铭文者的称呼，也可是一两句简单的话（闲章），以表达自己对砚的理解、感受等。砚上的印文是直接观赏的，无须印在纸上再欣赏，亦可直接欣赏到印章之"刀味"，所以，在刻制时应充分注意到这一特点，不必刻成反文。

四、镌画

镌画即以刀代笔，刻出画像。砚底是镌画像的最佳地方，这个地方比较平整且有一定的面积。此外，砚额等地亦可镌画。通过镌画，可以丰富砚的内容，填补雕刻之某些不足。镌画的内容可以是花鸟虫草、山水屋宇、人物、动物。有的在砚底镌刻砚工采石琢砚之画像，有的根据石品花纹镌一两株花草，还有的将砚石产地的山山水水表现出来。罗氏兄弟的一方"启功书法砚"，砚面凸刻启功书法文字若干，砚底镌刻启功先生画像，深受好评。明代天顺进士、文渊阁大学士李东阳收藏的一方砚，砚背镌刻米芾画像，尽管历经沧桑，画面斑驳，但仍显这位文人大家之风范。

第八节　配盒

　　砚盒自古以来有多种式样，主要有木盒、漆盒、纸盒、锦盒、石盒、瓷盒等。配盒之目的：一是保护砚台，使之不被损坏，便于长期保管收藏；二是保墨保水，使之不易干涸并养砚；三是增加美观，可弥补一些砚本身之不足，使之获得完整协调的审美效果。由此可见，砚盒是砚的完整不可分割的有机组成部分。

图 4-8-1　配盒

　　苴却砚盒主要以木盒为主。相比之下，木盒最具韧性、弹性，不会磨损石砚，不易挤碎石砚，是保护砚最佳的材料。苴却砚石较珍贵，其配盒木料材质亦很讲究。一般都考虑用比较优质的木材，如选用乌木、檀木、红木、油木、酸枝、香沙等。木质细腻、质地坚硬、结构致密、比重较大、变形不大、木纹和颜色美观的木材可做高档砚盒，也可用变形小的一般木材制作中、低档砚盒。

　　苴却砚砚盒主要分两种形式：一种是全盒密封式。盒分为上盖加托底（底带脚）两部分。底与盖完全接触，将砚石完全包在其中，封闭严密。另一种是天地盖式。此式样又分为两种。一种是托底加盖式，另一种是天地密封式。前种是底和盖不合拢，不接触，四边露出砚石侧缘。但盒盖要封闭砚面，以保墨保水，托底木料要稍厚。这种砚盒启盖灵活，使用方便，节省木料，不易损坏，还不用打开就得以观赏砚石，适合于较厚重的砚台。天地密封式砚盒，盖厚，托底薄。盒底须保持一定厚度（2厘米左右），盒盖根据砚的厚度而定。底与盖接口处均有子口连接，起到封闭作用。砚盒面上可镶嵌名贵石料，也可雕刻图案，起到装饰作用。（图4-8-1）

苦尽甘来砚（高浮雕）

第五章 苴却砚的雕刻艺术

现存的苴却古砚，以清代、民国时期工匠雕刻为主，更远的尚不可考。而如今的苴却砚雕刻师们，在传统文化的传承中，不断推陈出新，创新了多种技法和表现形式。苴却砚的雕刻艺术大体分为以罗敬如开创的本土艺术风格和受歙砚雕刻技艺影响的艺术风格两个流派。他们充分利用了苴却石材的特点，因材施艺、巧形俏色，展现了苴却砚独特的艺术魅力。

第一节　传统砚雕艺术与苴却砚的技艺传承

我们看到的苴却古砚以清代、民国初年居多，这些古砚题材广泛，有龙、凤、花鸟、鲤鱼跳龙门等，反映了当时的文化特征。

从砚雕艺术的角度看，苴却古砚在满足实用性的基础上，非常重视观赏性，有的雕刻技艺非常精湛，具备很高的艺术价值。传统苴却砚在雕刻上有两个特点：一是十分注意石眼和石品花纹的运用，如"二龙抢宝""龙凤呈祥"等在石眼的运用上就很讲究，而"菊花""老鼠吃葡萄"等砚巧妙地运用绿膘俏色雕刻，雕工精细，视觉效果好；二是造型生动古朴，不少作品反映了该地区的事物，具有浓郁的地方特色。这些丰富的文化遗产对后代的苴却砚雕刻产生着深远的影响。

如前所述，苴却砚的生产在历史上断断续续，民国之后便逐渐歇业，以至于20世纪80年代重新开发时，当地人大都不知此石是砚石。因此在苴却砚开发的过程中，主要表现为两种传承关系：

一是罗敬如先生融合、传承和发展的植根攀西本土文化的艺术风格。罗敬如在寻找苴却砚石源的过程中，与制砚名家钱秉初的儿子钱必生结下了深厚的友谊。钱必生自幼随父学习制砚，罗敬如便虚心向钱必生学习本土的制砚技艺和手法。同时，罗敬如带领众人，陆续在民间收藏到130多方苴却古砚。罗敬如对这些古砚进行了潜心研究，开创了富于艺术个性的、独特的砚雕艺术风格。由于追随罗敬如先生学习石雕的学生众多，他寻得苴却石源后，即召集其学生和儿子一起投入到苴却砚的重新开发及研制工作中。罗敬如先生的艺术风格在苴却砚的重新开发中逐渐发展成为一派具有独特风格的砚雕艺术体系。这个雕刻艺术风格立足于攀西乡土文化，在民间艺术中汲取丰富的营养，并加以提炼，讲究因材施艺、天然造化，在攀西地区具有较大的影响。罗敬如开创的石雕艺术既不同于一般民间传统雕刻，又有别于学院式雕刻的章法，而是根据苴却石的实际，创造出与苴却石的"眼"和"膘"巧妙、有机地融合在一起的表现手法，这样的表现手法独具强烈的艺术个性。典型的技艺有"青绿山水""金碧山水""薄意彩雕"等。行家称其作品"深得苴却石之神韵，闪烁民间雕刻之精髓"，即使没有署名，只需对罗氏雕刻作品略有了解者便一眼能认出。

图 5-1-1　古砚

图 5-1-2　古砚

　　二是歙砚雕刻的技法和风格。歙砚的雕刻技艺经过若干年的锤炼，已经很成熟，形成了一些易于继承和推广的技法和适应市场的题材、造型，成就了一大批砚雕人才。新品苴却砚开发出来后，在社会上产生了很大的反响，在美丽的苴却石的吸引下，一些歙砚雕刻艺术家来到攀枝花"安居乐业"、带徒授艺。这一派砚雕艺术深得中国传统文化之精髓，线条运用如行云流水，巧用绿膘，擅长薄雕，其作品富于传统文化气息。（图5-1-1、图5-1-2）

第二节　当地文化环境对苴却砚的影响

苴却砚是攀枝花市的文化遗产，它的历史起源、文化血脉和产业形成直接与攀枝花市的过去和现在密切相关，它从一个特殊的层面反映了该地区社会经济和文化发展的历程。

攀枝花市位于四川省西南角、金沙江上游与雅砻江交汇处，是新兴钢铁、钒钛、能源基地，是典型的资源开发型城市、工业城市、移民城市、山地城市和多民族聚集城市，文化样式多元，融合程度较高，并衍生出新的文化类型，总体上江河纵横，水源富足，山岳起伏，错落有致，属于立体型山地地貌，全年气候宜人，空气质量优异，日照充足，四季绿树鲜花环境优美，湖光山色自然相连，果树浓荫密布，具有比较典型的南亚热带风光与西南民族风情融合的地方特色。

苴却砚石源产地在攀枝花市仁和区，"仁和"区名寓意"仁义道德、和衷共济"，区内无大型工业企业，民风敦厚淳朴，文化气息浓厚，休闲娱乐发达，在攀枝花传统工业城市中风格独特。按照《攀枝花市城市总体规划（2007—2025）》和攀枝花市政功能区调整的战略，市委、市政府计划搬迁本区，仁和区委、区政府也计划搬迁到规划中的与莲花乡（岩神山）旅游新区相连地带，以带动仁和区新中心城区整体建设，形成更大的城市结构关联性和社会影响力。仁和区将成为未来攀枝花市的市政中心、高新产业发展中心、文化娱乐中心、旅游接待中心和休闲居住中心。

　　攀枝花市仁和区内"三国文化"等文物古迹和历史遗存众多，区内少数民族文化资源丰厚，如里泼彝族风格浓郁、观赏性强的大田板凳龙，历史悠久并与丽江纳西古乐和大理洞经音乐同源的迤沙拉谈经古乐，奇伟瑰丽、风光秀美且富于民族文化风情的生态群落，历史悠久、曲调多变、极具彝族风情的阿署达红彝打跳舞，具有独特历法的民族节日新山乡傈僳族"约德节"等等。苴却砚产生、传承、发展自一片奇特的土壤，必然深深地打上这一地区的文化烙印，事实上，苴却砚已经成为攀枝花地区将中华传统文化、少数民族特色文化和本土地方文化集为一身的珍贵文化资源，具有民族工艺、传统手工业和加工制造业的产业属性。苴却砚的制作工艺和雕刻技艺属非物质文化遗产，已获四川省文化厅认定。苴却砚产业的发展既要依赖于非物质文化遗产，又是对非物质文化遗产的保护和传承。

　　新品苴却砚中有不少作品反映了这一地区的山川风物、风土人情，如"金江月夜""茶马古道""山高月小""彝族风情系列"等，更值得关注的是现代题材的苴却砚，如"微雕钢城神仙手""攀枝花砚"等。这些苴却砚在传承着、积淀着、发展着攀枝花的地域文化。

第三节　苴却砚的常见砚式与表现手法

一、苴却砚的常见砚式

1. "观赏砚"与"实用砚"

随着现代书写工具的发展变化，人们很少用砚了，甚至经常不用笔"写字"，砚的功能已经发生了很大的变化。但是，砚作为中国传统文化的一个重要载体，虽然其研墨功能在减少，然而其收藏功能、观赏功能甚至装饰功能却增加了。这次石砚国家标准修订时，就正式提出了"观赏砚"和"实用砚"的概念。"实用砚"要求实用，砚堂占砚面的面积不得低于三分之二，"观赏砚"则不受此限制。苴却砚由于石材色彩绚丽丰富，被行家称之为"中国彩砚"，观赏性极强。事实上，近年来许多苴却砚雕刻者已制作了很多"观赏砚"，亦有一定市场。在当代苴却砚的生产中，这两种不同功能的砚实际上是并存的。

2. 根据砚形划分的砚式

除继承了传统的蛋形、长方形、圆形、竹节形、花瓶形等外，更注重根据石材的状态，因形顺势，制成千变万化的砚。按其形态和加工制作的情况，根据砚形划分，大致可分为规矩形、异形、自然形（又叫毛边）三种，在此基础上，砚堂、砚池、砚面（砚额、砚缘）亦有诸多变化。

规矩形砚　所谓规矩形，是通过人工切割加工，使砚形成一定规格的标准形态。换句话说，就是不考虑石材的天然形态，而按一定规格的标准式样来进行切割加工而制成砚形。主要的标准形态有蛋形（即一头大、一头小的椭圆形）、正圆形、长方形、正方形、椭圆形、扇形、梯形等。有的规矩形还规定了标准的规格尺寸。这类砚形因其形体规矩，图案性很强，造型本身实用性强，亦受到文人雅士的喜爱。

异形砚　所谓异形，即形态不规矩，具有随意性，以原始天然形态为基础，因形顺势，制作加工成形。此类砚形在制作中对不够协调的地方亦需要调整，仍需进行一定的人工切割。砚侧均人工磨光，适当保留原石表面因自然断开后形成的凹凸石纹。

此类砚形态各异，方方不同，雕刻的图案设计亦随着砚形的变化而变化，故雕刻的纹样亦随之各异、变化万千，没有相同者，加之外形光洁谐美而又富于变化，显得很有生气。当然，这类砚配盒时必须一方一方地单独配制，制作砚盒亦很费工、费时，技术要求也较高。

异形砚中，有的砚侧边皮十分好看，或色彩绚丽，或石纹优美，制砚者往往不忍磨去，便稍事打磨，任其保留下来。还有一些砚侧因自然断开后形成的凹凸石纹势态好，错落有致，制砚者有时亦故意留一两处供爱砚者玩赏。

毛边形砚　所谓毛边即自然形，指完全保持原石的自然形态，并完全保持原石断开后而形成的凹凸石纹和肌理。对于不够理想的地方，虽仍要作必要的外形调整，但只能通过敲打等方法，造出自然断开的样子，绝不留下人工斧凿的痕迹。最后，对毛边还要经过细致的调整和适度的打磨，以避免生硬。用作毛边的石料，一般选择形态本来就比较理想、无须作太多外形调整的石料，所谓"子石砚"就属这一类。毛边看似简单，其实制作起来更不容易，它要求制砚者独具慧眼，有较高的艺术修养和想象力，善于在众多的原石中选择形体好的石块，且图案的雕刻和设计必须与砚形相适应。

毛边砚给人以纯朴自然的美感，更能让人领略大自然运动、变化的轨迹，领会天地造化的神韵。

毛边砚配盒更难一些，木盒应随着砚形的凹凸变化而变化，故要求制作十分精细，才能使砚与盒精密匹配。

砚堂、砚池、砚面（砚额、砚缘）多样化

以上所述，仅以砚的外侧形态而言，从整体上讲，砚堂、砚池、砚面亦是砚形的有机组成部分。与砚的外侧形态情形相似，且却砚的砚堂、砚池、砚面的设计、制作也是不拘一格的，有的外形是规矩形，而砚堂、砚池却是异形；有的外形是异形或毛边，而砚堂、砚池却是规矩形。砚堂、砚池的形态还根据石眼石品花纹情况相互配合、相生相让、巧妙取形，以充分体现石眼、石品花纹的审美价值，故形态千变万化。

3.砚堂、砚池、砚面与外形的关系大致有如下几种情况：

规矩砚形配规矩砚堂、砚池

此又有两种情况：一种是砚形与砚堂、砚池的形状相应。例如，砚形是长方形的，砚堂相应做成长方形，砚池也做成这样，砚额自然形成了一个横着的长方形，砚缘一般宽窄均匀。另一种是砚形与砚堂、砚池并不相应，例如，外形是长方形的，而砚堂则做成正圆形，这样形成了内圆外方的形态。

砚形与砚堂、砚池形状相应给人以沉静的感觉，而不相应者，则有所变化，给人以较为活泼的感觉。

规矩砚形配异形砚堂、砚池

规矩的砚形，开一个异形的砚堂，砚池也相应为异形的，这样可以避免呆板而富于变化。例如，一个蛋形砚配上任意形的砚堂，砚堂的形态依着雕刻图案而变化，这样砚额、砚缘亦为异形而富于变化。

异形（或毛边）砚配规矩形砚堂、砚池

有时，由于砚形怪异而多变化，制砚者则往往将砚堂、砚池制成规矩形的，以调节外与内的关系，获得谐美的视觉效果。此乃"动中求静""以不变应万变"之法，给人以活泼却不失稳重的感觉。

异形（或毛边）砚配异形砚堂、砚池

此也有两种情形，其一是砚形与砚堂、砚池相应，即砚堂、砚池随砚形而取形；其二是砚堂、砚池不随砚形取形，只与砚形和谐搭配即可。当然，采用哪一种方式，同样要根据石眼、石品花纹的具体情况而定，并要与雕刻图案相配合。

多砚堂

有的制砚者在考虑砚堂、砚池的形状时，为了充分适应砚的砚形，还采用多砚堂的方法，即在一方砚中开出两个以上的砚堂，使砚堂与砚形及石眼、石品花纹相配合，并具多种功能。

例如"三潭映月砚"，由于该砚面上有三颗石眼，且位置在石面的中部，若开一个砚堂，则石眼居砚堂之中，很不好磨墨，又降低了石眼的价值。作者看到这块砚石较大，巧妙地在一个砚堂中又分成三个小砚堂，每个砚堂亦不算小，每一个小砚堂内均有一个石眼，构成三潭映月的意趣。这样，石眼在砚堂上的位置均处于每一个小砚堂边缘地带，不影响磨墨。如果石料较小形成三个砚堂的话，砚堂就太小而不堪磨墨，碰到这种情况，制砚者亦有办法，以一个砚堂为主，其他砚堂作为配角，这种设计又别有一番风味。

二、苴却砚的表现手法

苴却砚雕刻的表现形式是多种多样的，这里只能择其要者而述之。

1. 线与面

线与面，既是一个技法问题，亦可以说是一个构图问题，从构图上讲，指线与面的分布、组合和搭配。这里主要从技法上加以介绍。

线、面与刀法是紧密联系着的。用刀的力度、角度、疾徐不同，就会产生深浅、粗细不同的线；用刀的方向、刀的宽窄以及轻重、角度不同，亦会形成不同的面。因此，刀法的丰富性大大丰富了线与面的艺术表现力。

苴却砚雕刻技法的一个重要特征，就是充分吸收了中国传统绘画对线的运用手法。我们知道,线是中国绘画中首要的表现手段,经过两千多年的发展,并与中国书法相结合,线的表现力得到了充分的发挥。

苴却砚雕刻对线的运用主要有两个大的方面：其一，为精细均匀之线。刻这种线，要保持刀的角尖接触石面，用力较轻而均匀，速度不快不慢，刻出的线精细如工笔画之线条。这种线经常用来表现浅浮的水纹、云纹，有时用来表现动物的毛发和身上的纹路以及古代器皿的饰纹等，具有精致、柔和、秀丽的美感。其二，为粗犷顿挫之线。刻这种线，用刀有平仄变化，且角度多变，用力则有轻有重，讲究起落，速度亦有疾徐变化。刻出的线条起落转折、抑扬顿挫，宛如中国的写意画之线条。这类线条充分体现了作者的艺术个性，亦见运刀之功力。这种线常用来表现山石、衣纹、花草树木等。苴却砚的雕刻通过对中国绘画中用线的吸收，在雕刻艺术中大大丰富了线的表现力，并且使作品具有强烈的民族风格。

面是使雕刻的景物富于立体感的主要表现手段。苴却砚雕刻并不简单地满足于有面即可，同样十分讲究面的技法：或细腻光滑，丝毫不露斧凿痕迹；或刀痕毕露、纵横错落，宛如大斧劈成。采用哪种技法，要根据塑造对象的形态、质地和构图的需要而定。

将线与面这两种技法结合运用，便使作品愈显生动。苴却砚雕刻还十分注意线与面的结合，最常见的是面上用线。例如古装仕女的衣服，若只有面而无线，则显得平板而毫无古装之风韵。若在基本形面上，刻上顿挫有致的线表现衣纹，再用精细均匀的线刻出衣服上的花纹图案，这样仕女的古装便立即显得繁复而华丽了。

2.深透、浅浮与高浮

深透包含深和透两个方面。深，指雕刻的层面较深入、较厚，所雕刻的形体比较凸出，具有立体效果。透，指镂空透雕，表现出雕刻对象的层次，少则两三个层次，多则四五个层次，乃至七八个层次。所谓层次，就是将雕刻对象分做前层景物、中层景物和后层景物等若干层次。从前层景物的空隙中，又可以看到后层景物的一些部分。深与透结合在一起有利于表现错综复杂、立体感强的景物。（图5-3-1）

深透之技法主要有分清层次、离夹、深雕、浑实等。

分清层次　在进行镂空雕刻时，思想上弄清楚前一层雕什么、后一层（或几层）雕什么，胸有成竹。必要时还需勾画草图，以增强思想上的明确性。当然，这不是说一开始就把所有细节都想得很好了，也不是说雕好第一层次之后，第二、三层次不能根据实际的情况加以改变，只是说思想上对各个层次有总体的把握，然后在雕刻的过程中，还可以不断深化、调整，否则就会出现层次不清、一片混乱的局面。还需注意留空隙的

图 5-3-1　立体圆雕的青铜器古风观赏砚

技巧，空隙要留得巧妙自然（这是行话中说的"透气"）。所谓巧妙，即是便于表现下面层次的景物，使下面景物的特征能在这很小的空间之中得到充分体现。所谓自然，即所留的空隙宛如天然形成而不造作，不能给人以生硬、故意开"窗口"的感觉。

离夹　指雕刻对象各层次之间虽然相互是粘连的，但看去却给人以互不粘连的感觉。离夹的技法有二：一是藏粘，即把粘连的地方藏在看不到之处。为了藏得好，有时用一般的工具很难做到（罗敬如先生制造了一种弯曲的刀具以刻到一般刀具刻不到的地方）；二是使粘连的地方自然连接，在构图时就要考虑到所刻的景物要相互有一些连接，否则一旦雕透就容易脱落。这些连接之处要处理得自然，切忌生硬强扭，一方面起到粘连的作用，另一方面又不能给人以硬扯在一起的感觉，而是雕刻对象之间必须的、自然的连接。

深雕　主要指对深层次内容的雕刻，即第二层以下的景物的雕刻。深雕之关键在于造成透气的感觉。钻孔是造成透气的主要技法。但钻孔容易造成糟、烂的局面。因此苴却砚雕刻应注意两点：一是"宜少勿烂"，可谓惜孔如金，非钻不可时才钻；二是不能留下圆洞，钻了孔之后，一定要用刀进行雕刻，根据所雕刻对象的形状，将圆孔雕刻成不同的形态。深雕的工具亦与其他工具不同，一般采用很窄、细长的工具，这样便于伸到深层部位，如前所述的弯形刀具，形如挖耳，可伸到一些拐角之处。

　　浑实　指所雕刻之形体较为圆浑、厚实。若雕刻的层次较多，而形体又扁薄，则反而达不到深透之效果，给人的感觉不过是几层薄片重叠在一起而已。故浑实对于深透是必不可少的。浑实，并非层层都要达到相当的厚度，因砚雕一般在一定层面上雕刻，不可能刻得太厚，故浑实只是相对而言的。其规律是：第一层（前层）要求较圆、较浑、较厚，第二层可稍扁薄，第三层更为扁薄，即层层递减其浑圆度。即使是第一层，亦非完全浑圆，只要视觉上感到是浑圆的就行了。（图5-3-2至图5-3-5）

　　浅浮指所雕刻的层面较浅、较薄，雕刻的形体不够凸出，注重平面效果，但也要表现对象的不同层次。

　　浅浮的技法主要有层叠、透视等。

图5-3-2　深雕仿古砚

图 5-3-3　立体雕刻的青铜古风砚

图 5-3-4　带盖宫廷纹饰砚

图 5-3-5　传统工艺的"活环"古凤砚

　　层叠　浅浮雕刻同样要表现层次，甚至还可以表现更为丰富的层次，这是因为浅浮表现层次反而更容易一些。浅浮的层次都较为扁薄，各层次之间无须离夹．而是紧紧贴一起，仿佛将一个立体的景物挤扁、压缩在一起，却依然保持各个层次的关系。在表现层次时，仍须运用递减技法，即前面层次的景物比后面层次的景物相对稍厚一些，越是后面层次的景物，雕刻的厚度越薄。

　　透视　浅浮雕刻之前后关系不是全部依靠层次的高度来决定的（深透雕刻就是靠层次的高度来决定前后关系，前面的景物必然比后面景物高），而主要依靠透视关系来体现。浅浮雕刻的透视关系大致与中国绘画的透视关系相同，大多情况下采用散点透视（有若干视点的透视方法），表现山水时，亦采用平远、中远、高远等透视方法，也不排除使用焦点透视。

　　高浮雕刻既不同于深透雕刻，也不同于浅浮雕刻。高浮雕刻的层面较厚，形体较为突出，立体感强，但并不镂空，不考虑透气的问题。高浮的技法主要是尽可能使形体圆浑，使所塑造的主体从背景中凸现出来。为了达到此目的，根据不同的情况，又可采用不同的具体处理技法：或整个形体的绝大部分凸出，或一半至三分之一凸出，或仅仅使形体之主要部分凸出。也就是说，高浮的圆浑亦是相对的，只要有某些部位突起较高，便能达到圆浑之效果。故仍需遵循递减法则，即前面的部分浮起较高，后面的部分依次递减，这样在视觉上便造成了很立体的感觉。高浮雕刻较为适合表现那些单个的物体，例如瓜果、动物、人物等。

苴却砚之雕刻在大多情况下采取上述几种方法的结合，尤其是单独采用高浮雕刻的情况甚少。一般深透和高浮往往与浅浮结合起来运用，往往在重点突出的部分采用深透或高浮，而在次要部分，背景部分则采用浅浮。这样便于突出主体，获得虚实感。例如雕刻一幅《松月图》时，松树用深透之法，镂空透气，倍显茂盛。而月亮和薄云则用浅浮之法，益显轻虚缥纱。若再用高浮之法配刻人物、动物，便顿显生动。当然这只是举例，苴却砚的雕刻并非都按此套路，其三种技法的配合亦根据石材、构图和意境的具体情况而千变万化。（图 5-3-6 至图 5-3-8 ）

图 5-3-6　浅浮雕　宫廷宝盒

图 5-3-7　高浮雕 干果砚　　　　　　　　　图 5-3-8　浅浮雕 仿古纹饰香炉

3. 粗犷与细腻

粗犷与细腻的关系，既是一个构图问题，也是一个技法问题。从构图上讲，主要是通过粗犷与细腻的对比而产生较强的视觉感染力。而怎样做出粗犷细腻效果则是一个技法问题，这里主要讨论技巧问题。

粗犷　粗犷体现在刀法上：用刀粗犷有力，大刀阔斧，并且任其刀痕毕露，便可获得粗犷的效果。值得注意的是，既然体现了刀痕，那么刀痕本身必须有审美价值，若运刀时心中无数、犹犹豫豫、杂乱无章、稚嫩无法，那么就没有什么美感可言，甚至产生破坏作用。刀痕乃刀运行时留下的轨迹，而刀的运行则体现了作者艺术功力和创作时的情绪。粗犷还体现在构思上，有时作者故意留下几处未经雕琢的顽石，同样可以获得粗犷的效果。例如"女娲补天砚"，作者有意留下几块顽石，以石头天然的纹路来表现女娲用来补天的五色石之质感，便能给人以原始、粗犷的美感，再与女娲细腻的皮肤、柔软的头发形成对比，从而产生较强的艺术效果。

细腻　一方面要求雕刻精细，另一方面要求不露刀痕。要做到这两点，其一，刀刃应较薄，磨得较平，且保持锋利；其二，运刀时用力均匀，不可一下子雕得太多。一般要重复两三刀，前一二刀雕刻到位，后一刀收拾前两刀留下的刀痕。一般人认为细腻是打磨的效果，其实并不尽然，虽然细磨可以除去一些刀痕，但对于一些精细的部分就很难磨到，即使磨到又往往使形体变形。反之，粗犷的部分，同样要经过打磨，否则就会显得生硬。可见打磨对粗犷和细腻都是必不可少的一道工序。所以，所谓细腻，首先是一个刀法问题，其次才是打磨的功效。

4. 繁与简

砚之雕刻是繁好还是简好？这是一个长期以来颇有争议的问题。有的认为雕刻的图案越是繁复，耗工就越多，价值就越高。持这种观点的人认为，图案繁复精细，其中凝集的心血和汗水亦多，也就是价值越高，人们在观赏这类作品时，就会感到"有看头"，叹服于工艺之繁难。有的人则认为制砚应"宁简勿繁"，繁则琐碎、平庸、无重点，简则典雅、明快、主体突出。我们认为，应该肯定"繁"不失为一个标准，因为，作为工艺品确实是要看其费时费力的程度的，但不能绝对化。那种虽然不厌其烦、刀斧密集，然而心中无数、发数枪而无一中的者，是白费功夫，亦无价值可言。"宁简勿繁"的说法亦可认同，但应理解为由于艺术家功力深厚，能用一刀的地方绝不用两刀。"简"必须与作品的格调相适应，并非凡"简"必好。将这两方面统一起来，就是我们所说的"繁简有致"。简者，简而不拙，平中见奇，刀外之意无尽，乃为上品；繁者，繁得精致和谐，处处独具匠心，一般人难以做到者仍为绝品、妙品。

第四节　苴却砚的题材

中国的砚，经过几百年的历史，在题材上逐步形成了一些固定的模式，如"二龙戏珠""龙凤呈祥""鹿鸣金钟""棉豆""寿桃"等题材。随着时代的发展，砚的题材不断地被拓宽。苴却砚的题材也是如此，已不受任何限制，不囿于传统的模式，十分灵活广泛。通过下面的归纳可见苴却砚选材的灵活性、广泛性及其由此而生成的格调和意境。

一、从对砚材的利用和选材的方面看，这种因材施艺的题材可分为两大类

1. 天然题材

此类砚的取材，是根据石料的天然状况，作者发挥想象，予以适当命题，然后稍事雕琢加工而成，形成鬼斧神工、天然成趣的格调。由于此类砚材极为考究，用料极为特殊，近至苛求，可用之砚料十分稀少，加之作者须具备丰富的知识、想象力和独特的艺术卓见，故这类作品一般具有较高的艺术价值和审美价值。例如"深宫杂耍砚"的题材就是由石材的天然情况而得来的。砚石上的"墨趣绿标"天然形成了五个杂耍人物，姿态各异，栩栩如生。作者只是发挥想象，在砚石中发现题材，命之以名，再稍事雕琢即成。又如"白云砚"砚面的"冰纹"，天然如白云聚散于高空，作者在砚石中发现了"白云千载空悠悠"

111

的题材和意境，便配刻了"黄鹤楼"，一方以"黄鹤楼"为题材的砚便诞生了。再如"江雪砚"，作者在砚石表面的"荡"中，看到了"千山鸟飞绝，万径人踪灭"的意境，配刻上"孤舟蓑笠翁"，便形成了柳宗元的《江雪》诗的意境。这类题材是根据砚石的天生丽质而得来的，故称之为天然取材。

2. 巧用取材

此类砚在选取题材的构图时，以砚料的石眼、石品花纹为出发点，以尽可能将石眼和石品花纹"用"上为目的而选材。所谓"用"，就是根据石眼的成色、大小、形状、位置或石品花纹的色泽形态等，把它们看作活的审美要素，使其充当构图中的角色，成为题材和构图的有机部分，仿佛这些石眼、石品花纹是专为这个题材而生成的，给人以天设地造的感觉。

砚石中的石眼和石品花纹本来是珍贵的，且具有较高的审美价值，如果用上，而且用得巧、用得绝、用得活，不露生硬即为上品。例如"牧牛砚"，作者根据石眼在砚石中的位置，将石眼用作"水中之月"，以一牛背上的牧童用树枝戏之。值得注意的是树枝顶端有两片绿色的叶子，生得极巧，其实是在雕刻的过程中又出现一个稍小的石眼，若任其为"眼"，则出现一大一小两个月亮，"水中月"的意境全无了。作者用作树叶，可谓一箭双雕。这类根据石眼或石品花纹的形状、大小、位置，以巧用为目的选取题材的，谓之巧用取材。对石品花纹的巧用更为变化多样，均因形、因势、因色而选用题材，故题材十分多样而富于变化。

二、从取材的内容看，可分为若干种

1. 诗意题材

此类题材又有两种：一种直接从中国传统诗文中取材，例如"蒹葭砚""明月松间照，清泉石上流""天寒翠袖薄，日暮倚修竹""留得残荷听雨声"。又如前面介绍的"江雪""白云""长河"等。另一种是在石材的形状、石眼、石品花纹中发现诗意或创造诗意。这类诗意并不直接表现为对某一诗句的图解，而是构图本身蕴含着诗意，使人从作品的造型上领略到某种诗的意境，例如"万般秋色乘风来""山高水自清""听雨""蟹趣""蝉鸣"等。这类题材本身就使人感受到盎然诗意。

例如"蟹趣砚",砚形自然,砚堂砚池均为异形.仿佛天然形成的石穴。砚额泛起一层绿标,似绿苔斑驳陆离,绿标上布满金星,聚散有致。砚堂内刻有两只螃蟹,对应而嬉,这般从容,真可谓"此中有真意,欲辩已忘言"。

2. 古风题材

此类砚取材于中国古代不同时期的雕塑、雕刻、绘画和工艺品上的造型和图案。有的取其装饰纹样,如青铜器、画像砖、墓室壁画、瓷器、陶器、纺织品纹样、古建筑等上面的文字、图样等,展现不同时代的装饰风格,如"敦煌骑兽砚""乘龙砚""羽人砚""古凤纹砚""夔龙砚等"。有的直接以这些物品作为题材,成为构图的主体,如"古钱币砚""瓦当砚""铜镜砚"等。

例如"战国纹饰砚"就是取材于著名的"宴乐渔猎攻战纹壶"上的水陆攻战纹饰,旌旗挥舞,刀剑横斜,人物刺杀摔打、奔走呼号,造型古朴生动。砚池和石眼的造形和装饰均具战国风韵。整个构图使人感受到战国时代的艺术气息。

3. 画意题材

此类题材极其广泛。自然和社会的景、物均可作为刻砚的题材。但在这类题材的选择和处理上,苴却砚十分重视吸收中国传统绘画的营养,亦可像中国传统画那样细分为山水、花鸟、人物、草虫等题材,格调上较充分体现了中国传统绘画的造型特点和审美内涵,较多表现古代人物、建筑和场景。这类砚有"明月松间照砚""观瀑砚""听泉砚""听松砚""月夜泛舟砚""四君子砚""梅花砚""葡萄砚""蛙砚""蝉砚""金龟子砚""猫砚""牛砚""花瓶砚"等等。

例如"赤壁砚"就是选取类似中国山水画的题材,利用砚料的自然山形和上方有一石眼,以苏轼《赤壁赋》意境为题材,以石眼喻空中明月,琢一小舟漂荡于水流之中。砚堂、蓄水池均制为"山"形,在左上角空处,以微刻《赤壁赋》全诗。充分现了中国山水画的格调和情怀,可称之为山水砚。

4. 神话题材

此类砚取材于中国古代神话传说。例如"女娲砚""山鬼砚""九色鹿砚""嫦娥

图 5-4-1　传统题材　老鼠娶亲摆件

奔月砚""宝葫芦砚""夸父逐日砚""刘海戏蟾砚""后羿射日砚""庄周梦蝶砚""八
仙过海砚"等。

5.传统题材

前述四类题材，在中国的传统砚中也不是没有，只是一方面从数量上看相对少于那
些长期积累下来的"永恒题材"，另一方面，由于这类题材较为灵活广泛，很难形成固
定的式样，所以，我们这里所说的"传统题材"是狭义的，指我国砚工长期积累相传下
来的一些较为固定的题材。例如"二龙抢宝""独龙戏珠""七星伴月""游龙戏水""龙
凤呈祥""丹凤朝阳""喜鹊梅花""莲花鲤鱼""狮子绣球""鹿鸣金钟""寿桃""棉
豆""云气""葫芦""水族"等等。在苴却砚的选材中，不仅没有排除这些题材，而
且还给予了继承和发扬。（图 5-4-1、图 5-4-2）

上述各类题材的分类，其界限并不是僵硬的，实际的情况确实要复杂得多，同一方
砚从不同的角度可以看作不同类别的题材。不过，通过这样简单的分类和实例的介绍，
旨在使读者了解苴却砚在取材方面的一些特点。这里，我们再根据前面所述，简单归纳
一下：其一，苴却砚的题材较广泛、多样；其二，苴却砚的题材比较注重"文气"、典雅；
其三，苴却砚的题材十分讲求"因材选题"，即讲求题材与砚料的天然状况相适应、配合，
从而充分发掘石材天生的审美价值。

图 5-4-2 本地题材 攀枝花开砚

第五节　苴却砚雕刻的艺术处理

一、石眼的艺术处理

1. 石眼的特征及艺术处理

石眼要用得巧妙，须谙熟石眼之特征。我们将石眼的特征总结为三条：圆形、亮、完整。

圆形　石眼绝大多数为圆形或椭圆形。为了充分利用和照顾到圆形的特点，作者一般不破坏基本形态，故往往用来塑造圆形的形象。例如，若一块砚石上只有一个圆而大的孤眼，用作明月，配上几缕淡云，便造成月明星稀、月白夜黑的意境。这种意境有许多题材可供选择：月明松风、山鬼、举杯邀月、夜游赤壁、静夜思、秋虫鸣月、嫦娥奔月等等，亦可作宝物、球状，以龙戏之、龟蛇嬉之，还可作太阳，以凤朝之、夸父逐之。若一块砚石上有多个较大的石眼，或作宝物，如"双宝""三宝"，仍可以龙凤戏之、龟蛇嬉之、神鬼捧之，或作水珠，残荷托之、蜻蜓吸之，或作卵石，鱼媵匿之、虾虫间之，或作水泡，美鱼吐之、神女呼之。若石眼小而多，或作花朵、花蕊，或作人物的首饰，或作动物神怪的眼睛，或作珠宝，镶嵌在宝物、建筑物之上，漂浮于繁花彩云之中。这类构思用来表现诸如"墩煌飞天""天女散花"之类的题材，可造出繁花似锦、宝气珠光、富丽堂皇的气氛。

亮　亮的特点是由石眼与砚石的明暗反差形成的。石眼一般是碧绿、翠绿色，比之黑紫色或黑色的砚石要明亮得多。制砚者十分注意这种色差对比，并努力以此来增强艺术效果。例如，用石眼作动物神怪的眼睛，由于石眼相对明亮，便于表现"目光如炬"之效果。又如以石眼作明月，由于明暗对比的关系，令人感到明月更明、夜色更深。此外，制砚者还注意到，从面积对比上看，在大片的紫黑色基调上，几点响亮的绿色是很引人注目的，因此，石眼及石眼周围地带往往是视觉注意的中心。利用这一特点，可突出主体，增强虚实感。将主体部分安排在石眼近旁，并予精心设计布局，可以使突出的部分更加突出。例如"龙凤戏珠"的构思，将龙、凤的头部置于石眼的附近，整个结构显得集中，整体感强。

　　完整　活眼皆有心、环、晕、彩等，自成一体。一个石眼就是一个完美的整体，就是一个完整的世界，本身就具有相对独立的审美价值。观赏石眼本来就是一个十分重要的审美活动。所以制砚者十分注意保护石眼的完整性，绝不轻易破坏。这也是苴却砚雕刻中尽可能将石眼用作圆形景物的又一原因。反之，若碰到没有"心"的"死眼"，或成色极差，谈不上什么相对独立的审美价值时，制砚者便往往破坏其外形的完整性（例如将这种石眼雕刻成一只小昆虫）来获得巧色的效果，从而提高其审美价值。

　　由于石眼各不相同，有的环多，有的环少，还有彩眼、麻眼，在具体处理时，制砚者充分注意到它们各自的差别，尽可能地发掘它们的审美价值。

　　在苴却砚的实例中，用得巧妙、自然者甚多。例如一方"敦煌飞天砚"，刻有三个飞天。其中两个飞天手上托的宝物，恰由石眼雕刻而成，另外一个手执一束花，花心皆由小石眼雕刻而成。又有妙者，满天飞花、飞宝，均由大大小小的石眼雕刻而成。还有更妙者，每个飞天的头饰、耳饰、胸饰，亦由小石眼雕刻而成。更有极妙者，一飞天，左右两手各有一臂圈，两个臂圈相对的位置上都嵌有一颗珠宝，此珠宝也是由小石眼构成，且左右两手姿态各异，高低不同，足见之难为难得之至。

　　2. "用眼"

　　苴却砚雕刻者经常讨论一个问题："用眼"。其实这个问题从另一个侧面对石眼的艺术处理的讨论，也说明苴却砚雕刻者对石眼的看重。关于"用眼"，我们主要围绕着"用"和"怎样用"这两个问题来讨论。所谓"用"，就是在不破坏石眼自身美感的条件下，尽可能让石眼在构图中充当一个适合而又重要的角色，并且似其形而巧其色，使石眼在构图中凸显其审美价值。例如在"独龙戏珠砚"中，将石眼用作"珠"（这是最常见的用法）。如果石眼显得可有可无，便被视为"没有用上"。制砚者普遍认为，石眼没有用上，便不能提高价值，谓之遗憾；若石眼在砚中反而显得碍手碍脚，便对石眼本身的价值起破坏作用，谓之可惜。因此。石眼是否用上，是苴却砚石眼艺术处理上的一个首要问题。

有时，石眼虽然用上了，但如果用得不好，同样收不到"用"的艺术效果。怎样用是一个颇见作者艺术功力的问题。

苴却砚雕刻讲究根据石眼的特点来用，贵在自然、巧妙。自然，就是要用得不留人为痕迹，而和谐自然，仿佛构图不是去适应石眼，不是去"用"石眼，而是石眼本来就是为构图而天生的，本来就是为构图服务的。在传统砚雕的二龙抢宝中的"宝"由石眼充当，便是用得较为自然的例子。巧妙，就是用得恰到好处，给人以巧合的感觉，具体说，可分为巧色、巧形、巧质、巧布局等。

巧色有两种情况：一是石眼的颜色与它所表现的景物的颜色恰巧吻合。例如，用小石眼充当人物翡翠玉饰，翡翠本为碧绿色，而石眼也是绿色，二者颜色相似，构成巧色。二是从色差对比上看，石眼砚石的色差关系与石眼充当的对象与砚石充当的对象之间色差关系相当。例如以石眼充当月亮，色度上显得明亮，以黑色的砚石为背景表现夜空，色彩上显得深暗，二者色差对比大致相当。

巧形指石眼的形状与所充当的对象的形状恰巧吻合。石眼多为圆形或微椭圆形，一般用作月亮、珠宝等，已属巧形之列。不过，所谓巧，还有一层难得的意义在里面，某种用法太多、太普遍，反而"不巧"了。而有些非正圆形的石眼，用得好，相比之下更显得巧妙。例如有一方硕果砚，其中有一石眼恰巧为葫芦形，另有一些石眼是苹果形，还有两条银线如葫芦架，作者巧其形雕刻硕果砚，此较为难得。还有一方砚，石眼刚好两个，大小形态相同，有"睛"，有"瞳"，外形又不太大，而且一个是绿色、一个是黄色，用作波斯猫的眼睛（波斯猫的眼睛天生一绿一黄），亦是很巧的。

巧质石眼本身质地与它所充当的对象的质地相吻合是谓巧质。一般石眼质地晶莹润滋，用来表现珠宝翡翠，可获得宝气珠光的质感，用来表现月亮，又可获得晶莹通明的质感。还有的石眼有斑纹、麻点，用来表现五色卵石等，质感也很强。

巧布局即石眼的数量和位置等情况恰巧以它所表现的景物情况相吻台。例如，恰好有七个石眼，其布局又恰巧如北斗七星，用作七星捧月，这就十分巧妙。又如仕女的耳坠恰好由一颗小的石眼充当，已十分巧妙，而若两耳坠均由两颗小石眼充当（此两颗小石眼的位置要恰巧生得合适），此乃妙绝。如一方太白醉酒砚，天上有一月一星（一颗较大的石眼和一颗小石眼），而酒坛倾覆，流出的酒中也倒映着一月一星（一颗较大的石眼和一颗小石眼），且酒中的两颗石眼比天上两颗石眼又略小，相互对应而又有所别，此亦万分难得。

二、石品花纹的艺术处理

1. "膘"的处理。"膘"的种类很多，从整体上看，主要有"绿膘""黄膘""瓷石彩膘"等。其色彩变化甚多，有碧绿、粉绿、嫩绿、褐黄、金黄、胭脂红、肉红、橙红诸色，且色彩十分丰富。"膘"大者层状、小者斑块状结构于砚石之中。

层状绿黄膘的艺术处理一般有两种情况：一是黑底绿（黄）纹，二是绿（黄）底黑纹。黑底绿（黄）纹一般选用黑色层较厚、"绿膘"层较薄且均匀的砚料，以绿（黄）膘层作浮雕纹样，透出黑底；绿（黄）地黑纹一般选用"绿膘"较厚、黑色层较薄的砚料，以黑色层雕刻图案纹样，透出绿底。此二法制出的砚图案性强，古朴典雅。

斑块状绿（黄）膘由于大小不一，形态多样，色彩丰富，在造型时，作者根据具体情况来构思，往往采用巧色、巧形、巧质、巧布局等法，或作残荷浮萍，或作花鸟虫鱼，或作山石景物，或作人物器物，或抽象造型，有如观云随想，无拘无束，有的突发奇想，造形栩栩如生，令人拍案叫绝。

2. "金点"的艺术处理。"金点"有黄金闪光，形小而亮。苴却砚往往用"金点"作人物的首饰（如戒指、耳坠）、花蕊、器物和建筑物的镶嵌物以及飞禽走兽的眼睛等。其中用作高浮雕人物的首饰十分难得，因为"金点"较小，而人物造型立体，不可能事先设计好，只有一半靠巧合，一半靠在雕刻中的应变能力，才能做到。

有时还用"金点"与石眼配合，如以石眼作月、"金点"作星，造成月明星稀之意境。

3."冰纹""荡"等的艺术处理。有的"冰纹"天生如白云浮空，或浓或淡，或聚或散，苴却砚的作者往往根据此天然石品花纹，构思与云有关的题材。如与石眼配合，以石眼作月、"冰纹"作云，配刻花草，便得"云破月来花弄影"之意；或配刻山水屋字，可得"白云深处有人家"之境；或配老树古寺，即得"白云满地无人归"之情。有一方砚，取崔颢《黄鹤楼》诗意，用简练刀法刻出黄鹤楼，天空中的"冰纹"恰如白云翻卷，飘然欲动，造成"黄鹤一去不复返，白云千载空悠悠"的怀古之情。"冰纹"或作山泉小溪，或作烟雾等，亦别具风韵，如此等等。

"荡"，薄薄一层覆盖于石面。有极妙者恰似一幅天然雪景，制砚者巧妙构思，配刻一小舟和老翁独钓，以合柳宗元诗"千山鸟飞绝，万径人踪灭。孤舟蓑笠翁，独钓寒江雪"。

4."线"的艺术处理。金线和银线的处理有不少成功的例子。在苴却砚雕刻中，常用作柳条、树枝和花草的茎、干等。例如浴牛砚，砚额上有七八条略微有些倾斜银线，作者用作柳条，配刻肥嫩的柳叶，由于银线略微有些倾斜，给人以被微风吹拂之动感。作者还在池内刻一浴牛，整个画面春意盎然。又如石头记砚，利用其"金红线"作古线装书之装书线，十分逼真。整个砚造形为一本古书，残蚀虫蛀，给人以悠悠古远之情。苴却石中有一种叫"线石"，石面天生若干笔直石线，等距离、较均匀排列在上面，雕刻者往往运用这种线石作书法砚、碑帖砚，颇为妙绝。还有的利用水平状金、银线来表现湖水的平静无波，再配上小舟，其意境宁静闲适。

5."复合膘"的艺术处理。苴却石石品花纹的另一种情况是，一块石料往往多种石品花纹共存，相互重叠渗透，而产生出意想不到的色彩和图案，这就是"复合膘"。"复合膘"往往绿、黄、红等诸色斑驳陆离，有如大理石般花纹，气象万千。这类复合石品花纹因其珍奇难得，故制砚者十分珍惜，无不精心构思，巧妙利用，因形因色，作出谐美构图。有时天然成画，只需稍事加工，作画龙点睛之术，即成绝品。

苴却石之石品花纹十分丰富，很难一一尽述，还有"边皮""火烙""鱼籽纹""翡翠""瓷石冻"等，这些大都因其形、巧其色而用之。例如长河砚，砚额有一死眼，死眼下方横贯砚额一带状青色"火烙"，宛如江水东流。作者利用此"火烙"与"石眼"

位置特点，配刻战马，顾首长鸣，于是顿生"长河落日圆"之意境。还有的边皮色彩绚丽、花纹精妙绝伦，如诗如画，制砚者亦十分重视，并尽可能充分利用来为整体造形服务。

还有一些石品花纹是不好进行艺术处理的。例如"青花""暗水纹""鱼脑冻"等，这些石品花纹本身就具有较高的欣赏价值，一般不考虑用，任其自然，只注意把这些石品花纹尽可能保留下来。

三、石纹机理的艺术处理

这里所说的石纹包括以下几种情况：

1. 平面石纹机理

砚石平面裂开，表面呈现出来的天然纹路。苴却石为板层解理，可以较容易地开成片块状，按平面解理剖开而形成的石纹凹凸较小而均匀，有一定的方向性而形成某种态势，机理精致而富于韵律。这种石纹本身具有较好的肌理效果，天然造化，给人以自然纯朴的美感，具有较高的审美价值。故制砚者有时根据构图的需要有意保留一些这类天然石纹。有的利用其纹理、态势，略事雕凿，配刻相应的景物，能获得较好的艺术效果。

2. 断面石纹机理

砚石立面断开之后在断面留下的天然纹路。这种石纹因不按解理断开而形成的石纹凹凸较大，错落有致，具有浑朴、自然、粗犷之美感，这上面亦大有文章可作。制砚者往往故意留出一些（或大部分）生得较好的石纹，而在必要的地方精细地雕琢一些景物（如昆虫、人物、屋宇、花草），使之形成强烈的对比，造成特殊的艺术效果。

3. 斧凿石纹机理

刀斧在砚石表面留下的纹路，体现了雕刻者用刀的轨迹。雕刻者可以通过技法处理产生特殊肌理效果：

打点　用刻刀在石面上凿出或大或小、或均匀、或不均匀的小坑，使石面产生粗糙感。

凸点　用刻刀在石面上刻出或大、或小、或均匀、或不均匀的凸出的小圆点，而使石面产生特殊的肌理效果。凸点有时也不是正圆形，而采用其他形状，只要整体上统一即可。

　　锤击　用极小的锤子敲击石面，使之产生许多被敲碎的小坑，从而产生粗糙的肌理。

　　钻孔　用大小不等的钻头钻出密集的小孔，可造成被虫蛀蚀的效果。

　　灰度　这里主要指在打磨完成的黑色砚体上，刀斧留下的灰白色的痕迹，与黑色（黑紫、黑青）砚石底色相比，色差较大，明显醒目，只要不受油腻物质的浸润，其灰白色终不变黑而保持清晰，这是苴却石的一个特点。制砚者利用这一特点在砚体上铭文刻印，或镌刻图案，既清晰又古朴典雅。此外，制砚者还通过打点、刻线（用刀尖在石面上刻出灰白色的小点或线条），以局部提高明度，人工造成色差的对比。如将浮雕的底面通过这种方法变成灰白色，从而加大了主体纹样背底的明度反差，增强了对比，便可收到醒目的艺术效果。用此方法来制作画像砖风格的图案，深得中国古代画像砖之神韵，有其独到之处。

　　运用斧凿进行肌理处理，可以局部改变石头表面的纹理和质感，从而大大丰富了砚雕的表现手法。

四、充分利用苴却石质细腻柔韧的特色

　　苴却砚石紫黑沉凝，暗含润泽，石质致密，"抚之如婴肤"，手感极为舒适。苴却石颗粒十分细小，根据地质矿产部综合岩矿测试中心的测试报告：苴却石粒经在 0.0066 毫米至 0.024 毫米。《端溪砚》中（刘演良著）记载，端砚粒经一般在 0.01 毫米至 0.04 毫米。苴却砚比端砚细近一倍。

　　这样的砚石不仅磨下的墨颗粒细，而且很"受刀"，可以雕刻十分精细的东西。罗氏三兄弟与微雕大师郭月明合作，在苴却砚上作微雕，在一平方厘米的面积上刻一百多字，用放大镜观看，字字清晰，笔锋可见。他们用苴却石雕刻的如意宝盒，其线条雕得十分纤细，而且不糟不烂，故图案远观精美，近看越看越耐看。

第六节　借鉴传统艺术的表现手法

苴却砚的雕刻从传统中国画中吸收了很多营养，融合中国绘画的技法，使砚雕作品更具有中国传统绘画的意味。罗氏三兄弟在借鉴传统绘画造型手法的基础上，利用苴却石的绿膘创作出具有中国古代绘画意味的"青绿山水"和利用苴却石的黄膘创作出的"金碧山水"，颇受行家好评，对苴却砚雕刻产生了很大的影响。

苴却砚雕刻吸收传统绘画技法主要表现在如下方面：

山石皴法　中国绘画中，山石的各种皴法几乎都被吸收到苴却砚的雕刻中来，如斧劈皴、折带皴、披麻皴、荷叶皴、乱柴皴等。实际操作时，以刀代笔，按中国画皴山石之笔法运刀，或立或平、或轻或重、或疾或徐，启承转合，抑扬顿挫，所刻山石，刀味盎然，趣味生动。

衣纹皴法　与山石皴法类似，运用中国画人物衣纹之运笔技法来运刀。根据塑造的人物对象的性格特征、整体构图和意境以及表现服装的材质的需要，或均匀柔和，或遒劲奔放，使刀法为表现人物服务。

树叶点法　中国绘画中树叶的点法种类很多，例如小圆点、大圆点、胡椒点、梅花点、个字点、梧桐点、大混点、小混点、松叶点、三角点等等。

在借鉴中国画树叶点法时，总体上有两种方法：

凸点法　此法在苴却砚雕刻中运用得较多。前述山石皴法和衣纹皴法借鉴到雕刻中来主要是一个刀法问题（虽然不能排除对造形和风格的借鉴），而凸点雕法则主要取其造形。具体雕刻的技法是：取绘画之叶形，雕刻成若干凸出的叶点。例如，小圆点就是将树叶刻成若干小圆球体，连结于树干之上；而大混点，则可雕成扁平的椭圆形错落层叠于树干之上。又如松叶点，就在大混点的基础上，由椭圆形的中心点放射状地刻出松针。值得注意的是，此乃抽象之法，不在形似，而在神似，这本是中国画写意的特点。要求得神似，关键在于把握树叶的疏密聚散。所以，雕刻树叶时，要首先凿出树冠的大形，然后再在树冠上分出疏密有致、大小相间的叶簇，最后在叶簇上再刻出不同形态的凸叶点。这样刻出的树叶之聚散分合均服从于整个树冠的态势，树之精神可得矣。

凹点法　此法不仅是造型和风格问题，亦有刀法方面的问题，即在叶簇上凿出不同形状的凹叶点。此凹叶点运用不同的刀法，所得叶点之形态便不同。例如三角点，用刀侧平，以刀刃之一角与石面接触，一刀即成一个三角点；而胡椒点则用刀较立，一刀下去略挑旋即成。

一丛树中，往往杂生不同品种之树，采用不同的叶点而分别之。如小圆点用来表现树叶较小的树，如槐树之类；而大混点则可用来表现树叶较大，且横生的树，如柿树等。当然不同品种的树，其枝干的姿态亦不同，此需细致观察、揣摩才能得其要领。

云水法　云和水是最为变化多端的自然景物，中国画将其抽象、条理化之后，非常适合于雕刻之表现。苴却砚雕刻，除表现较常见的朵朵云和水波纹外，还常常借鉴中国画绘画中运用均匀流畅的线条，表现云水万千变化之技法，尤其是表现那些变化多端的薄云轻雾、晨烟暮霭和山泉小溪、微波涟漪等，更显得心应手。

第七节 苴却砚雕的主要流派

一、"罗氏"的砚雕艺术

"罗氏"砚雕艺术是指由罗敬如先生开创的，三兄弟在继承家父石雕技艺、艺术风格基础上，不断创新、发展、发扬光大而形成的一派艺术风格。"罗氏"风格独特，很多人在未看署名的情况下，便能一眼就能认出该作品出自三兄弟之手。三兄弟相继撰写出版了专著《中国苴却砚》、画册《苴却砚精品集》等数本书和百余篇砚学理论文章，发表了数千件石雕作品，对苴却砚雕刻艺术风格的形成和发展产生了较大影响。

罗氏砚雕作品主要有如下特点：

1.深深根植于中国民间雕刻的土壤，得其精髓而不守陈法，既精雕细刻，又不繁琐；既放得开，又绝不粗陋草率，讲求纯朴和谐。

2.融中国传统绘画、书法、诗文之意境和技巧（如山石皴法、草叶点法、人物勾勒法）于雕刻工艺之中，故作品充满中国传统诗情画意，文气雅然。

3.吸收现代雕刻、雕塑的造型手法，讲求整体感，突出主体，虚实叠让，故作品视觉效果强烈。

4.讲究因材施艺、天然造化，坚决反对固定的式样和"硬雕"。主要技法有"青绿山水""金碧山水""薄意彩雕"等。每件作品必须根据石料的颜色、纹理、形态精心设计、巧妙构思，从选材、构图、造型到技法的运用，均与石料之天然形态紧密结合，绝不破

图 5-7-1　蕉叶砚

坏原石的完美和谐，绝不造作。由于每块石料的形态，石眼的大小和位置、石品花纹和纹理均不同，故作品件件新异，皆为孤品，难以复制，这是最突出的一个特点。（图 5-7-1 至图 5-7-4）

图 5-7-2　青绿山水砚

图 5-7-3　金碧山水（摆件）

图 5-7-4　薄意彩雕砚

二、"徽派"砚雕的影响

如前所述，在苴却石天生丽质的吸引下，一些歙砚雕刻艺术家来到攀枝花"安居乐业"、带徒授艺。其代表人物主要有方晓、张硕、张健、张臣虎、张宏、张海峰、俞飞鹏等，他们把歙砚的艺术风格、雕刻技艺带进攀枝花，并在攀枝花推广、发扬起来。他们的到来给苴却砚雕刻艺术注入了新鲜血液，对苴却砚雕刻技艺产生了重要的影响，促进了苴却砚事业的发展。

"徽派"砚雕作品主要有如下特点：

1. "徽派"砚雕是深厚的徽州文化的载体。徽州文化是指伴随着中华文明进程而形成的特定区域文化体系是古徽州人在其生活的自然环境中，所创造出来的一切社会文明成果。它包括徽州人与自然的关系，以及物质文化遗产和非物质文化遗产，特别是徽州人文、传承自身文化传统的方式、思想和观念等。"徽派"砚雕是徽州文化重要的表现

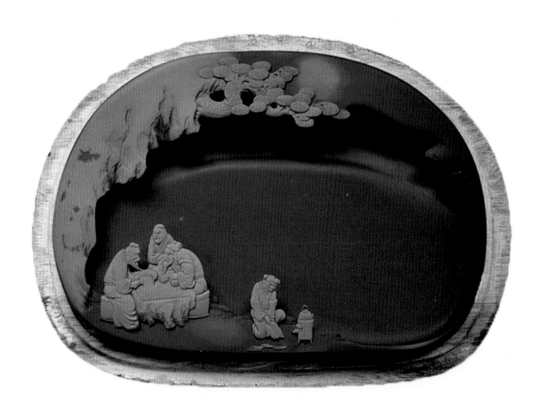

图 5-7-5　歙砚风格苴却砚

图 5-7-6　歙砚风格苴却砚（佚名）

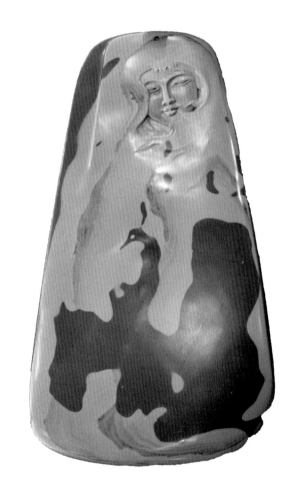

图 5-7-7　歙砚风格的苴却砚（佚名）

形式之一。徽州文化源远流长、积淀深厚，这样的文化与攀枝花地域文化融合，必然产生深远的影响。

2. 以浮雕浅刻为主，以薄雕方式巧用绿膘，雕琢手法细腻，层次分明，一般不采用立体的镂空雕。

3. 熔中国传统的诗、书、画、印于一炉，在砚池的开挖上十分讲究与构图相互呼应，因而显得十分协调，所雕殿阁、人物、瓜果、鱼龙等，无不神态入微，其作品富于传统文化气息。

4. 十分讲究线条的运用，刻线如行云流水，一丝不苟，富于韵律感。（图 5-7-5 至图 5-7-7）

清溪行砚　雕刻部分与天然水藻纹相得益彰

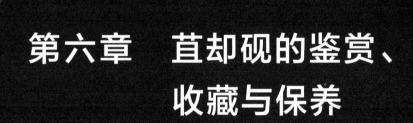

第六章　苴却砚的鉴赏、
收藏与保养

早期的苴却砚均是以实用为主，而随着时代的更迭、科技的发展、生活习惯的改变等诸多因素影响，毛笔不再是重要的书写工具，文房用具更多作为艺术品存在。对苴却砚的收藏与鉴赏，也由实用性转变为实用与观赏、收藏等综合要素的鉴评。

第一节　苴却砚的鉴赏与收藏

早期对砚的鉴赏，主要是以实用为评价标准。随着制砚工艺的发展，在鉴赏砚时，渐渐地加入了制砚艺术和石品花纹等要素。到了近现代，毛笔已不是唯一的汉字书写工具，而获得墨汁的方式也不是以砚研磨为唯一，因此观赏和收藏功能显得更为重要，人们越加看重雕刻技术的精湛、构思的巧妙、设计的谐美和石眼、石品的品相等。

苴却砚的收藏与收藏者的"眼光"紧密联系。"眼光"短浅者，多看砚雕作者的"名气"，这不失为一种应对方法，但对当代砚作的收藏来说未必可靠，因为"名气"须要时间的积淀和检验，一时之名未必经得起历史的检验。实际上，"眼光"才是根本，而构成"眼光"最基本的要素，就是懂得如何鉴赏一方苴却砚，由精准的鉴赏获得可靠的评价，由可靠的评价获得有价值的收藏。因此，我们重点介绍苴却砚的鉴赏。

苴却砚的鉴赏有二：一是对石质、石色、石眼、石品花纹的鉴赏；二是对砚作意趣、制作技艺、雕刻艺术及对石色、石眼、石品花纹的运用的鉴赏。二者相辅相成，相互影响，相互渗透，要综合起来评价。

一、石质的鉴赏

因苴却石的产地不同，其石质略有差异。即使产于同一个地方，因岩层不同、表里之别，石质也有所不同。对苴却砚石质的鉴赏主要通过"观其色，抚其质，闻其声，研其墨"

来进行。

观其色

观察砚石的颜色，就是将砚石置于清水之中，在清水浸润未干的时候，放在明亮的地方进行观察。大保哨坑所产苴却砚石和膘石其石色为紫黑色或青黑色，小海子坑开采的多为灰黑色。前者稍硬，更细腻，发墨好，下墨慢；后者则稍软，下墨快，发墨不如前者。苴却砚石在云南的延伸矿带"紫色矿带"，石色更倾向于紫红。对收藏者来说，收藏不同石色的砚，尤其是石色非常难得的石砚显得尤为重要。

抚其质

好的砚石"抚之如婴肤""温且坚"，即以手抚砚，清凉有度，坚而柔和，硬而能让，腻而不滑。腻而不滑是评价砚质最重要的特征。腻是指石质细嫩，不仅手感好，而且研磨所得墨汁质量好。不滑则下墨，如果腻而滑，则滑墨，难以磨下墨汁来。

闻其声

听声音主要有两种方法。第一是叩砚听声。以手叩砚，声音清越凝重者为好，过于亮脆则石质太硬滑，如果声音闷破，则石质较粗劣。第二是磨墨听声，古亦有"磨墨无纤响"之说，以磨墨时，声音很少，声音均匀，不沙、不蹦、不噪者为好。

研其墨

研墨也是鉴赏石质的一个重要方法。一是好的砚石下墨快，且得到的墨汁细腻滋润。二是亲墨，又称受墨、衬墨，指在研墨过程中，墨与砚相适应的现象，即石砚对墨锭有一种吸附力。研墨时，手上有砚墨相亲、相互吸引的感觉，说明石质软硬适度，所得墨汁就好。

二、石眼的鉴赏

石眼的鉴赏，主要从质地、色泽、纹彩、形状、数量、位置等方面进行鉴赏。

质地

主要指石眼质地的纯净度。质地纯净，无瑕疵，无不良杂质，晶莹细腻，抚之光洁如玉、柔嫩如脂。

色泽

色泽与质地有必然的联系，品质高洁者，色泽自然光洁明亮。另外，由于苴却砚中绿色石眼相对较为常见、黄色石眼比较稀少，因此，品质好的黄色石眼亦十分珍贵。

心睛

是石眼最中心的部分，有金心、银心、墨心等。无论哪种类型，"心睛"鲜明，形态规范者为上；暗淡模糊不明晰、形态不规范者为下。

环（圈）

指围绕中心点的深褐或深绿色的细圈。多者四、五圈，少者一二圈，或无"环"。对"环"的评价，一般以环清晰、分明如描画者为上，环的圈数（重数）多者为上（越多越难得），形状正圆，环线均匀者为上。

晕

指在中心点与环之间或环与环之间以及环之外呈现的由浓至淡的均匀的色彩过渡，如同水墨在宣纸上晕润而成。一般认为有晕者为上，浓淡均匀、变化有致者为上。

睛瞳

心睛与环、晕配合，形成如同眼睛瞳孔般的结构，称为睛瞳。这种微妙的配合使石眼"睛亮瞳明"。一般认为睛瞳分明、炯炯有神者为上。

纹彩

指石眼上除中心点、环（圈）、晕之外的不规则而层次丰富、色彩多样、变化有致的花纹，主要有鱼籽纹、水纹、云纹、青花等。由于彩眼须由石眼与其他石品花纹重叠，在石眼中并不多见，故而十分珍贵。

形状

石眼的形状包括大小和外形两个方面的因素。从大小方面看，形大廓晰者为上，因形大的石眼不易得到。通常石眼的直径越大、越难得，价值越高。从外形方面看，就是看外形是否正圆或成形，正圆者形正。"成形"指不糟不烂，有一定形态，例如"葫芦眼"，形如葫芦，十分珍贵。

数量

一般而言，在一方砚石中石眼的数量越多越好，尤其是好石眼越多，价值越高。

位置

一般情况下，石眼生于砚面比生于砚底（砚背）好，因为生于砚背不便观赏。有的石眼因特别多，制砚者专门留于砚背的又当别论。而石眼生于砚底又比生于砚侧的好。生于砚侧虽便于观赏，因形不正圆而多为较扁之椭圆，常因无睛瞳而神韵大减。从砚面之石眼看，生于砚额的比生于砚堂的好，因为生于砚堂砚池之外，便于观赏，又不受墨汁浸染。石眼生于墨池，往往受墨汁浸染，不便观赏，却能保存长久。石眼生于砚堂，如果是实用砚，由于长期研磨，有可能对石眼有损。（图6-1-1至图6-1-9）

图6-1-1　童趣砚　石眼用作小孩吹的泡泡

图 6-1-2　石眼用在雕刻精美的宝盒盖中央显得十分突出

图 6-1-3　石眼作为宝球为龙戏之

图 6-1-4　极品石眼雕刻的十二生肖套砚——鼠、牛

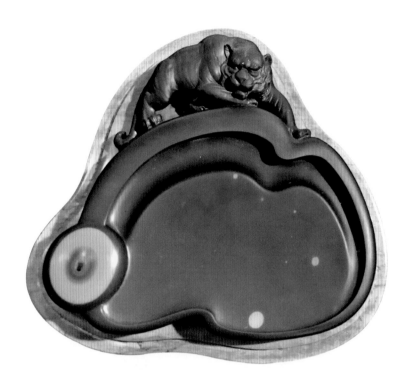

图 6-1-5　极品石眼雕刻的十二生肖套砚——虎、兔

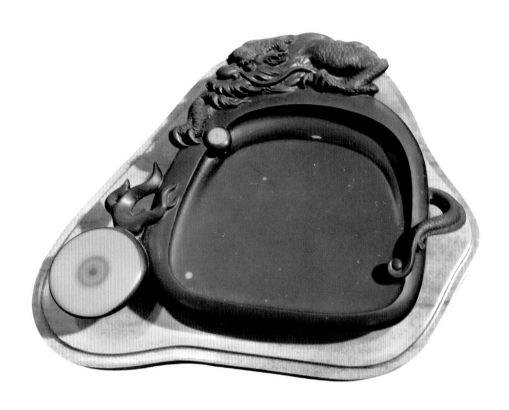

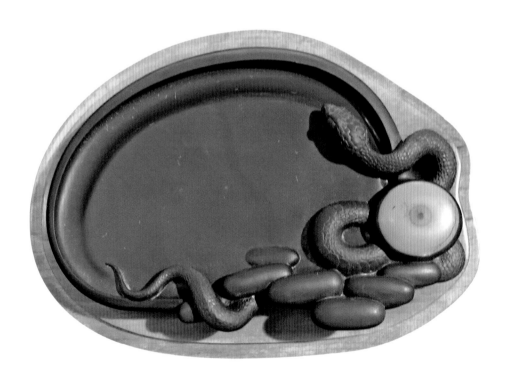

图 6-1-6　极品石眼雕刻的十二生肖套砚——龙、蛇

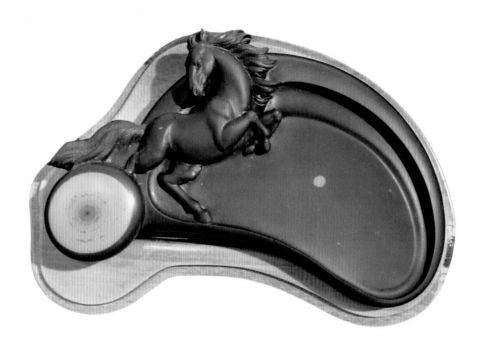

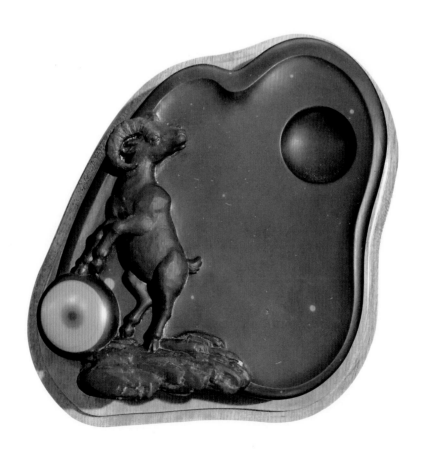

图 6-1-7　极品石眼雕刻的十二生肖套砚——马、羊

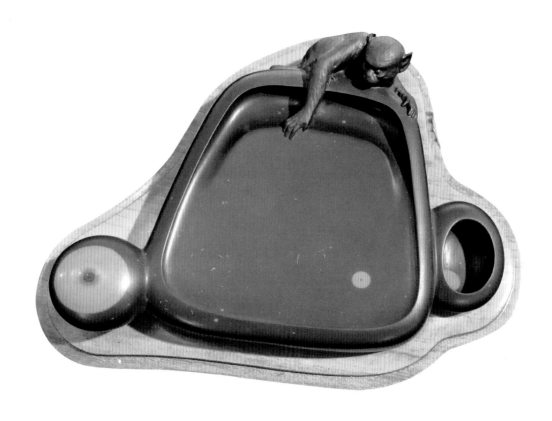

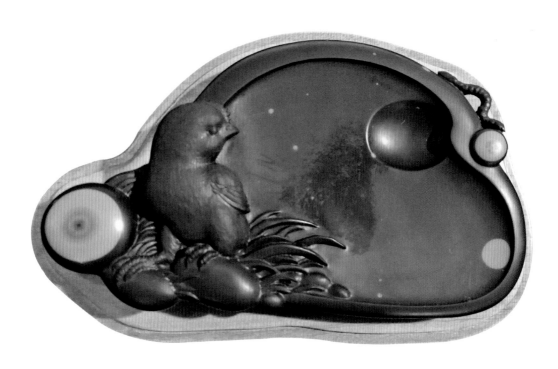

图 6-1-8　极品石眼雕刻的十二生肖套砚——猴、鸡

图 6-1-9　极品石眼雕刻的十二生肖套砚——狗、猪

图 6-1-10　双层朦形成色彩对比

三、石品花纹的鉴赏

苴却砚的石品花纹十分丰富，其鉴赏归纳起来为"多、美、稀、奇"四个方面。

多

指一方砚集中了多种石品花纹。在一方砚中，集中的石品花纹越多越好。通常，一方砚具有一两种石品花纹就很不错了，有三四种石品花纹的不多见。(图 6-1-10 至图 6-1-15)

图 6-1-11　多层朦处理较好的砚（局部）

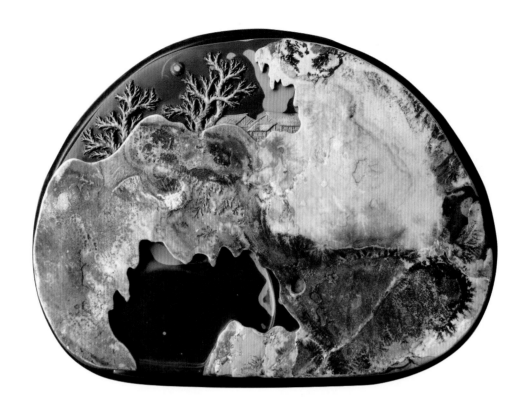

图 6-1-12　薄薄的石皮下面时隐时现多种膘

图 6-1-13　石皮加复合彩膘

图 6-1-14　四层鲜明对比的颜色提升了视觉效果

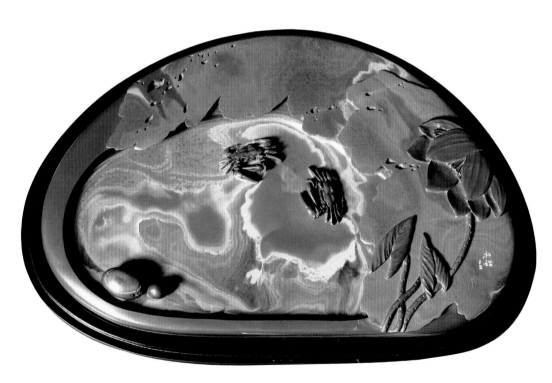

图 6-1-15　黄绿膘被冰纹分解，宛如阳光下水中的涟漪

美

指石品花纹的美感。石品花纹之美，主要分为两类：一是单一石品花纹之美，二是复合石品花纹之美。所谓单一石品花纹之美，一方面指在诸种石品花纹中，有些石品花纹看上去要美一些、醒目一些，如"金黄膘""瓷石鸡血红""玉带绿膘""水藻纹"等。另一方面，就同一种石品花纹来说，由于质地、色泽、状态不同，亦有很大的差异，如"绿膘"中，"墨趣绿膘""水纹绿膘"中天然形成的花纹有的就非常美。所谓复合石品花纹之美，指多种石品花纹混合、重叠、渗透而使石品花纹色彩复杂、花纹多变的情形。多种石品花纹混合在一起会产生多姿多彩的效果，大大提高石品花纹的审美价值，如"彩眼"，就是某种石品花纹与石眼重合而形成。总之，对于美的评价，主要以是否具有美感为标准。（图 6-1-16 至图 6-1-21）

图 6-1-16　复合彩膘天然形成美丽的图案

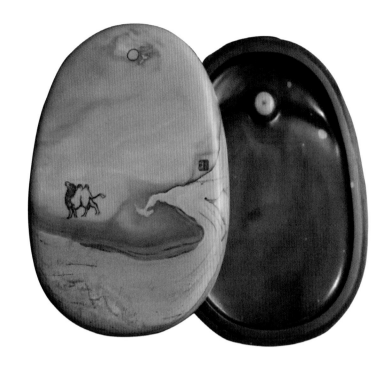

图 6-1-17 瓷石彩天然沙漠，与天空的月亮和彩云构成美妙的画面

图 6-1-18 如此洁白无瑕的石皮太漂亮了

图 6-1-19　细看水藻纹竟然如此丰富多彩

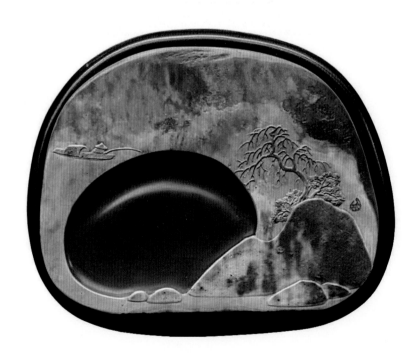

图 6-1-20　绿膘如薄雾，产生如情似梦的美感

图 6-1-21　巧妙地运用水藻纹与黄绿膘

稀

以稀为贵，在苴却石中，有些石品花纹稀少而不易得，如"胭脂冻""金黄膘""鸡血红"等就较为少见。再从某一种石品花纹看，如"北极之忧"，如此洁白的石皮就十分罕见。"扶桑"中的胭脂红与绿膘过渡性晕渗的情况也是绝无仅有。(图6-1-22至图6-1-28)

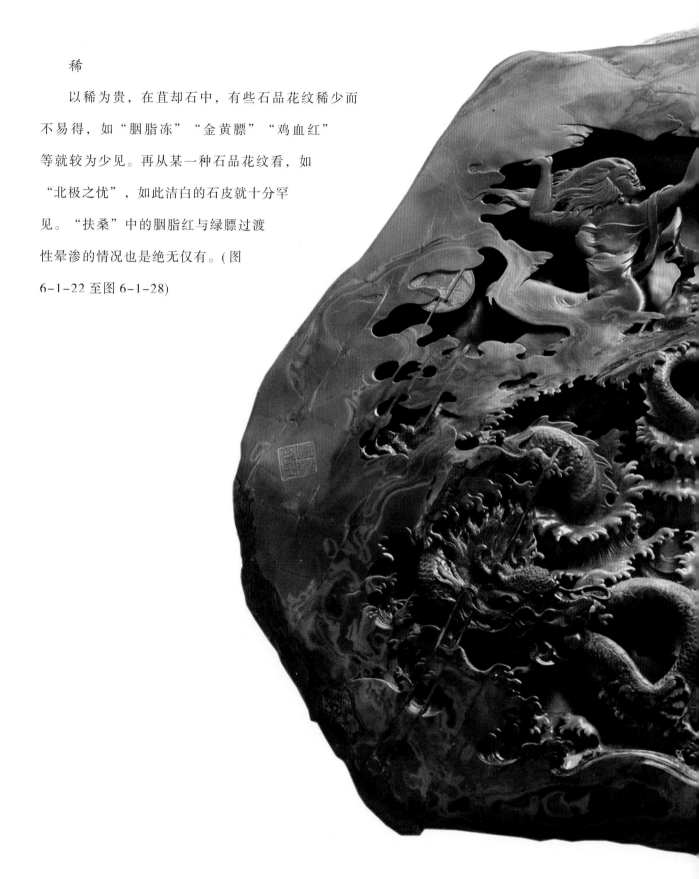

图 6-1-22　金黄朦在深色石皮衬托下分外明亮

图 6-1-23　渐变过渡的胭脂晕十分少见

图 6-1-24　斑斓多彩的瓷石红

图 6-1-25　明亮而变化有致的彩纹黄膘

图 6-1-26　如阳光从树丛背后照来，"逆光水藻纹"绝无仅有

图 6-1-27　纯净的瓷石红

图 6-1-28　胭脂晕如紫气东来

奇

　　即石品花纹生得奇巧。有的天然如画，有的形同人物、动物，栩栩如生。例如"望星空"，富于动感，石品花纹令人想起凡·高的《星空》，天生一幅油画般的山水画。又如"翠雾弥漫"，薄薄的绿膘宛如雾岚弥漫于山村。这些都可谓奇品。(图6-1-29至图6-1-34)

图 6-1-29　复合彩膘的奇妙组合，如凡·高的《星空》

图 6-1-30　排列整齐均匀的银线亦为奇观

图 6-1-31　作品独一无二，洁白无瑕的石皮内部渗透出红色，雕刻荷花，真是绝了

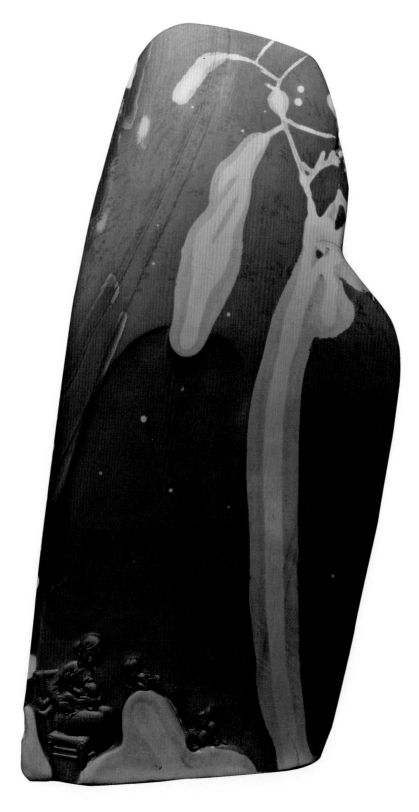

图 6-1-32　砚面上的丝瓜是天然的

图 6-1-33　富于动感的金线并不多见

图 6-1-34　如珊瑚化石般的石皮

四、雕刻技艺的鉴赏

雕刻技艺的鉴赏，是苴却砚鉴赏、收藏的一个重要方面。从原则上讲，大致包括：构思奇巧、设计合理、技艺娴熟、繁简相宜、完满和谐等内容。

构思奇巧

指根据砚石的色彩和肌理巧妙构思、造型，设计格调脱俗，富于文气，不平庸俗套。整个作品能呈现雕刻景物之外的意趣，寓诗情、呈画意、意趣盎然者为上。

设计合理

砚的设计，既要考虑石料的情况，还要考虑到砚的品种和功用。砚可分为实用砚、实用与观赏相结合的砚和观赏砚三类。无论哪一种砚，在设计上都要求外形美观、比例谐调、图案布置匀称、重心稳定、符合人们的观赏习惯等。实用砚砚堂必须占砚面三分之二以上。

技艺娴熟

主要指想到的眼能到、眼能到的手能到，即雕刻的技法熟练，能很好地为构思服务。一般而言，刀法劲道、用刀灵活、运刀准确、富于变化者为上。

从制砚艺术上讲，繁简相宜。简与繁是相对的。简而不拙，简而不草率，简而见功夫，简而有言外之意。作品虽简，而构思、构图、雕刻却精巧妙绝，便是好砚。同时，如果把砚雕看作工艺美术，"有工"是一种价值体现，繁得和谐，繁得有新意，繁得到家，纹样虽繁，处处精微，难为难得，亦是好砚。

完满和谐

主要指构图完满。一方砚就是一个完整的艺术天地。构图具有整体感，形状、纹饰、色彩等谐调统一者为好。(图 6-1-35 至图 6-1-56)

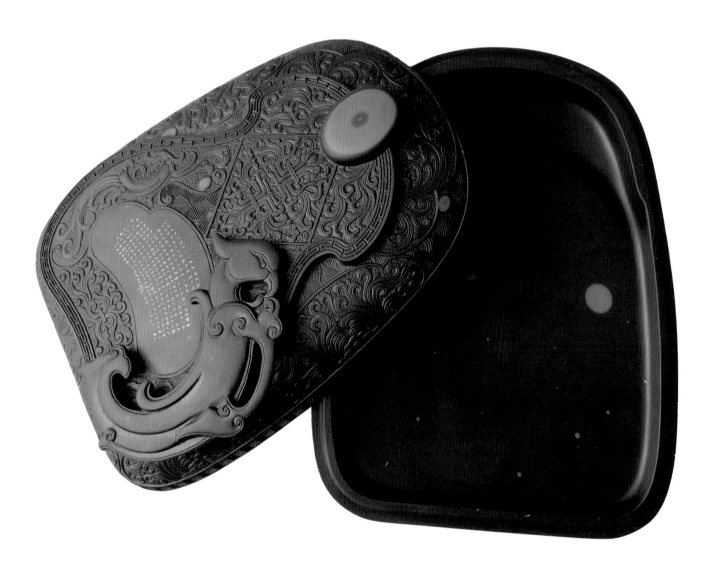

图 6-1-35　在传统箕形砚上融入现代审美元素

图 6-1-36　"杂乱"而富于整体感

图 6-1-37　用青铜石雕刻竹编盒子，色彩逼真

图 6-1-38　金黄膘与绿膘搭配，视觉效果好　作者：辛金磊

图 6-1-39　利用瓷石黑黄相间的带状花纹表现鹞鹰的羽毛

图 6-1-40　精细的营构和雕刻，不乏宋画韵味

图 6-1-41　多层黄膘的营造

图 6-1-42 巧用玉带绿膘的色彩变化，采用立体雕刻手法，很好地表现了层层梯田

图 6-1-43　尽量不破坏薄而少的色彩

图 6-1-44　流水和卵石的刻画是这件作品的亮点

图 6-1-45 对称构图能够产生庄重感 作者：辛金磊

图 6-1-46　镶嵌瓷石彩，使作品既有整体感又能出彩

图 6-1-47　画面完满和谐

图 6-1-48　有天然水墨笔触在"笔触"中断处添刻几朵梅花，一树"墨梅"脱颖而出

图 6-1-49　构思巧妙，只刻一只小舟，画面却十分丰富

图 6-1-50　罗敬如先生常用的"立体雕刻"

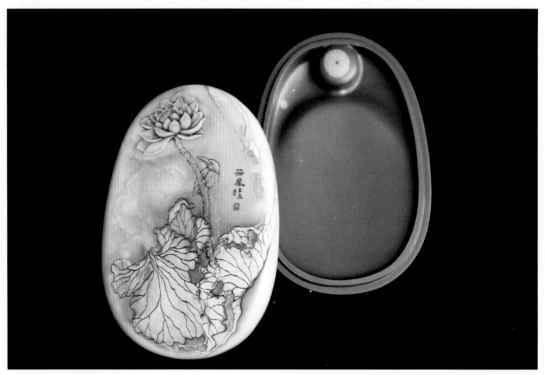

图 6-1-51　上面那一小片桃红，运用得较灵活

图 6-1-52　黄朦色彩古朴典雅，营造了一种古画的韵味

图 6-1-53　这是一种比较富于绘画感的砚

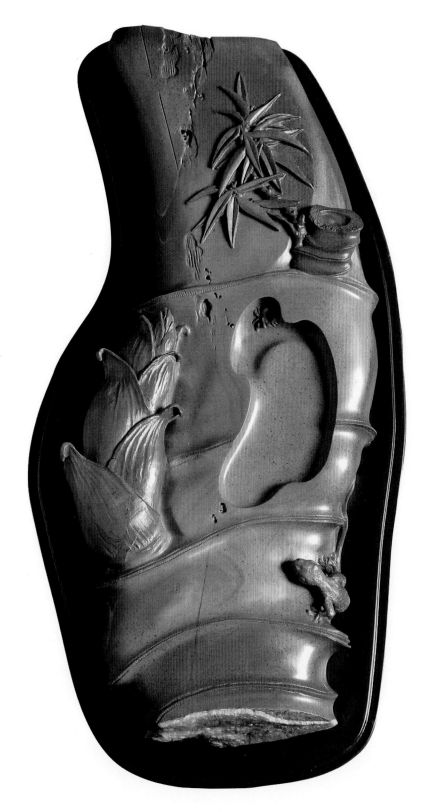

图 6-1-54　造型和谐，形态有韵律感

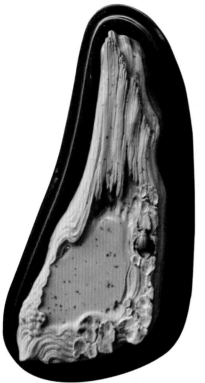

图 6-1-55　利用"边角料"较好的例子

图 6-1-56
利用天然石纹肌理
表现琴声回荡

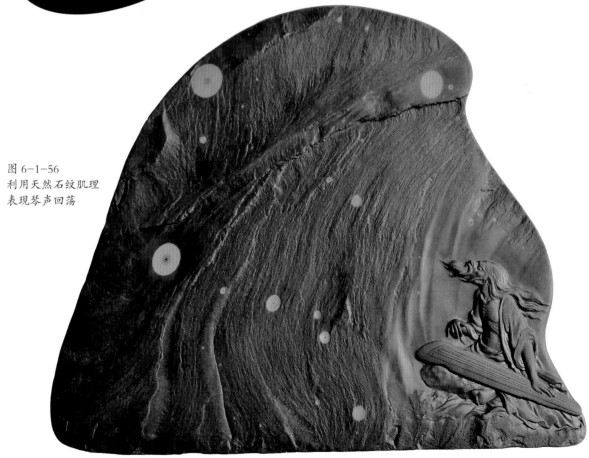

五、砚名、铭文、钤印和镌画的鉴赏

1. 砚名鉴赏

苴却砚命名主要有以下作用：

第一，概括提炼作品的构思和题材。这类命名大多数与砚的构思和题材直接相关，主要是对题材和构思加以提炼和概括后命名，如"江雪砚"。

第二，深化作品主题。这类命名不仅仅停留在对题材构思的概括和提炼上，而且深化作品主题，例如"深山藏古寺砚""水落石出砚""听泉砚"等。

第三，发掘石品花纹、石质之美感。这类命名深谙石质、石品花纹的形、色、质、纹，找出其最重要的特点或妙处而命名，例如"紫云砚""秋色砚""流光溢彩"等。命名应力求简洁、高雅，不落俗套。好的砚名会使作品的文化价值得到提升。

2. 铭文鉴赏

对收藏者来说，有铭文的砚更有价值。铭文的地方很多，砚之六面均可铭文。多数砚砚底制成凹形，以使铭文不致磨损。亦有观赏砚直接在砚堂中铭文的。在砚之正面铭文的，应注意观察文字与雕刻纹样是否配合，是否保持或提高构图之谐美。（图6-1-57）

铭文之美有三：其一是内容之美。有的铭文本身就是一篇简短的美文，读起来有美感。其二是文字的书法之美。好的铭文本身就是一件漂亮的书法作品。其三是刀工之美。好的铭文刀工本身富于美感，或刻制十分到家，绝不拖泥带水，或用刀老到遒劲，刀味十足。

舊鏡鸞何處衰桐鳳不棲金錢饒孔雀錦段落山雞王子調清管天人降紫泥豈無雲路

分相望不應送鸞鳳李商隱有鳥居丹穴其名曰鳳凰九苞應靈瑞五色成文章屢

向秦樓側頻過洛水陽鳴岐今日見阿閣仍來翔　鳳．唐．李嶠　金井欄邊見羽儀梧桐

樹上宿寒枝五陵公子憐文彩畫與佳人刺綉衣飲啄蓬山最上頭和煙飛下禁城秋曾

將弄玉歸雲去金翮斜開十二樓鳳歸雲．唐．滕潛　八方該帝澤威鳳忽來賓向日朱

光動迎風翠羽閒新氏昂多異逐次承回無郤郤筴今翔集可圖意寺倫開裕知鼓舞禹墜

图 6-1-57　砚背铭文

3. 钤印鉴赏

砚上的印文可直接观赏，不像其他治印需盖在纸上再欣赏，而主要欣赏印章之"刀味"。好的钤印与铭文一样，既是一件好的印章作品，又是一件好的印刻作品。

4. 镌画鉴赏

有的砚在砚底镌刻图画，是为砚刻艺术的扩展。除砚面镌刻为制砚艺术的集中体现外，充分利用砚底的方寸之地，刻制山水、人物并以诗文相配，可使砚台更具观赏性。同样，好的镌画既要构图好，也要刻得好，当然，内容也要好。（图 6-1-58 至图 6-1-68）

图 6-1-58　梦里水乡砚砚面钤印

图 6-1-59　金钟古韵砚背面铭文

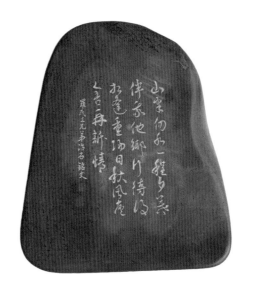

图 6-1-60　砚底铭文、钤印

图 6-1-61　砚雕铭文（带微刻）钤印

图 6-1-62　砚面竹简上铭文

图 6-1-63
观音头顶镶嵌米粒大的象牙
上有微刻《心经》全文

正面　　　　　　　　　　　　　　　　　　　　背面

图 6-1-64　与砚底图案相配合的铭文　作者：姚顺清

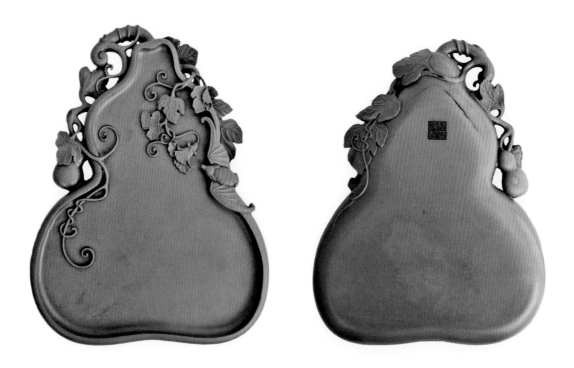

图 6-1-65　福禄笔舔　底部钤印　作者：姚顺清

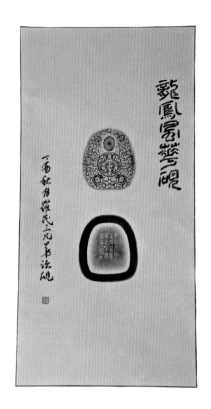

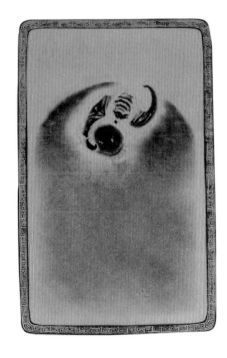

图 6-1-66　拓片

图 6-1-67 拓片

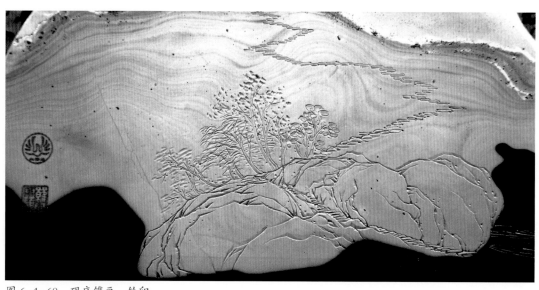

图 6-1-68 砚底镌画、钤印

第二节　苴却砚的使用与保养

苴却砚的使用和保养与其他石砚没有太大的差别，主要包括用砚、洁砚、护砚、养砚几个方面。

一、用砚

磨墨时，一般自左而右打圈研磨，也有自右而左打圈研磨的。据说日本有采用拉锯式研磨的，即将墨锭在砚堂中来回推动。究竟采用哪种方法好，我们认为这不是主要的，可以根据各人的习惯而定，不必在这些形式上作硬性的规定。人们总结出一些用砚时应注意的要点，供使用时参考。

研墨时要"重按轻转"。重按下墨，轻转使均匀，不伤砚。当然，所谓"重按"亦要适度，不可太重，太重会划伤砚堂，所得墨汁也差。把握好"按与转"的关系，"按"相对重，而"转"相对轻，此需细心体会，方得其妙。

研墨时，墨身要垂直，不可歪斜，更不可左右摇晃。歪斜用力不匀易划伤砚，且磨后墨锭断面必有一边小于90度角，易脱落成碎颗粒而影响墨汁的质量。左右摇晃，不仅下墨慢，且伤砚。

打圈研磨时，圈子宜大不宜小，这样才不会使砚堂中心部分过分凹陷。

研墨不可急于求成。急则损墨伤砚。

研墨之水须是清水，忌用开水。也不可用污水，尤其不可用有油腻之水。

加水时勿贪多求快，水要一点一点地添加。

不可将墨锭浸在砚内待其发软才研墨，这样所得墨汁色无光泽且浓淡不均，墨汁中的颗粒会损伤砚堂。

墨汁磨好之后，应立即将墨锭拿出砚堂，不可任其留放于砚堂的墨汁中，否则，只需一会儿，墨锭便与砚堂紧紧黏结一起，而取不下来。这时，若用力拔之，往往将砚堂内的砚石也连带拔出一块来，砚堂也因此损坏不可用。所以，如果万一不小心使墨锭与砚堂黏结，切不可硬拔，应当将砚堂内的墨汁去掉、洗净，然后加清水将墨发软，然后轻轻取下。

好砚须用好墨，不可用粗劣的墨锭。粗劣的墨锭中往往杂有硬质颗粒，很容易将砚堂划出深槽。

二、洁砚

爱家十分注意保持砚之洁净，如果砚被弄得很脏，沾满污迹、灰尘和积墨，既影响砚的美观，又会影响砚的实用价值，若长期这样，还会影响石砚的优良性能。故"砚之必当常洗，多洗则不竭燥"。尤其是宿墨、积墨，许多人认为宿墨会使墨色"胶凝"，光色顿减，墨色尘灰，书写滞笔。而宿墨干在砚面上，称积墨、滞墨，经久便难除。故有"留宿汁则损墨光，留积墨则损砚质"之说。有的画家为了获得特殊的效果，也用宿墨，如画家黄宾虹，将宿墨分为浓宿、淡宿两种。淡宿虽墨光差，但画在纸上，墨渍沉在纸上，渍旁化开有水渍痕，有"似用淡墨非墨"的效果。浓宿不湿也不全干，近黏液状。好的浓宿亦有墨光，极黑。苴却砚石质致密，具有宿墨不涸之功能，但宿墨需得法，应宿于砚池内，而将砚堂清洁干净。

爱家洗砚还有爱砚的成分，出于爱心而常洗之，如侍婴孩，"宁可三日不沐面，不可一日不洗砚"。

爱家洗砚有诸多讲究，也有不少经验。如：

洗砚宜用木盆、塑料盆，忌铜瓦器，以防碰损。

图 6-2-1　洗砚

图 6-2-2　擦砚

砚多则分洗，以免相互碰伤。

用莲蓬或皂荚、半夏切片去滞墨最好。忌用毡片、旧纸片。毡片、旧纸片伤砚锋，更不可用利器刮砚。新莲蓬要削去青皮，阴干备用。亦可用老丝瓜瓤、姜等物代替。

若积墨顽固难去，可用浮炭（泡炭）磨洗。浮炭不伤砚锋，磨洗之后如新砚。

洗完之后，若暂时不用，须用软布拭干归盒，以免擦损。石砚往往有"墨锈"，即干在砚面上的墨汁，因年代久远，墨迹久浸不浮，斑驳古雅，此古砚之征，可予保留。（图6-2-1 至图 6-2-3）

砚不厌洗。经常洗的砚，因水浸手摸日久，微带手泽，日臻圆熟，古色暗存，这种微妙的变化，尤堪赏玩。

图 6-2-3
用木炭磨去砚堂的蜡（开砚）

图 6-2-4　磨墨，均匀用力

图 6-2-5
墨汁磨好后，不要任墨锭浸
泡在墨汁中

图 6-2-6　清水养砚

图 6-2-7　盖盒护砚

三、护砚

护砚之目的在于防止砚损坏，保持石砚的完整和雕刻花纹的精细。主要应注意以下一些问题。（图 6-2-4 至图 6-2-7）

好砚一定要配制木盒。木盒是保护砚不致损伤的最佳物品。一般出售的砚，均配木盒，也有不带盒的，则需配制。石涵、有石盖的砚，也可用木盒保护。

石砚忌常期置于日光照射的地方或任其风雨浸蚀，这样容易风化变质。

石砚忌长期暴露于高温干燥的空间，忌火烧烤，烧烤会炸裂。

石砚忌骤冷骤热。

石砚忌用粗糙的砂石等物磨擦。

有的新砚，若下墨不好，可用浮炭磨之，然后洗涤干净，是谓"发砚""启封"。

四、养砚

古时文人因爱砚而"养"之，主要指用清水养砚，即以清水注于砚池（有的砚堂则不注水、保持洁净），并且经常保持池中有清水。古人认为，清水可以使砚石保持滋润。石质较差的砚，经水养护，可避免干燥而吸水太快。苴却砚因石质致密，此功效并不显著。

百诗砚——杜甫绝句二首（绿膘）

第七章　苴却砚产业

苴却砚自 1985 年罗敬如老先生发现石源、重新开发以来，短短三十余年时间，已形成数千人从业的产业规模，并且逐步形成从石材开采、运输到苴却砚雕刻、苴却砚产品推广销售、配盒、包装、物流等产业链。尤其是"千砚工程"的问世，成为砚界壮举，开创了苴却砚产业的盛况。

第一节　苴却砚产业发展概况

　　苴却砚产业的发展断断续续，清同治、光绪、宣统年间，云南省昆明市有专营苴却砚的商号。清末至民国初年，云南大姚县苴却巡检司巡检宋光枢选取云南省大姚县的制砚名家寸秉信所雕刻的三方苴却砚参加国际赛会，从此苴却砚为世人所知并受到好评。

　　民国初年至中华人民共和国成立，虽然苴却砚的雕刻制作和交易在不断地延续，但却名不见经传。究其原因主要有三点：一是，苴却砚产地大龙潭彝族乡较为偏僻，自然环境较为封闭，交通阻绝，流通滞碍，苴却砚虽得天时，却失地利之便；二是，因经济文化落后，地广人稀，读书用砚者就更少，故制砚仅限自用，虽偶有流传，也只属私交馈赠，终难形成商品生产规模；三是，没有宫廷皇族钦定御用、名人珍藏、士儒皆用的社会环境氛围，没有书画名家躬亲制砚，丰富和发展砚雕题材内容和表现形式，体现砚艺观赏价值和文化价值，没有把制砚的技艺及砚的综合价值推向高峰的黄金时期。因此，大龙潭苴却砚产业始终没有得到更大的发展。据1934年云南省永仁县商会呈报资料载："全县有15家制砚作坊，数十人操业。"当时制砚名家有寸秉信、钱秉初等。中华人民共和国成立初期，由于"土地改革"，制砚艺人纷纷弃砚返农。

　　1982年，时任国务院副总理的方毅到攀枝花视察工作，在时任中共四川省委书记杨超的陪同下参观了攀枝花市的石刻工艺品展览，对其雕刻艺术给予了充分肯定。从此，攀枝花市开启了石刻工艺文化产业发展的序幕，成立了攀枝花市工艺美术公司，姚贵昌任经理，俞文香、罗伟先任副经理，聘请罗敬如为艺术顾问。1985年初，俞文香在罗敬如指导下刻出攀枝花市首方"双龙戏珠"苴却砚，展出时被香港商人以300元人民币购买。1987年，攀枝花市苴却砚厂成立，厂长为杨天龙，副厂长为罗伟先，聘罗敬如、罗春明、罗润先为顾问。1989年，苴却砚首次在中国工艺美术馆和中国工艺美术馆亮相，得到了方毅、黄胄等人的高度评价。1992年，仁和区大龙潭乡苴却砚厂成立，倪方泽任厂长。1993年，市民政局益民苴却砚厂成立，张峻山任厂长。从20世纪80年代末至90年代中后期，攀枝花市先后从安徽、江西、广东及四川省内引进一批砚雕人才，办起一批砚雕作坊及企业。此后，随着苴却砚陆续参加海内外各种大展，声名鹊起，影响逐渐扩大。1995年，攀枝花苴却砚入选国家礼品，随乔石委员长出访韩国和日本。由于苴却砚色彩丰富，又被称为"中国彩砚"，其石质细密腻滑、莹洁滋润，抚之如婴儿肌肤，叩之声音清越铿然，视之纹理清秀，集中国古"四大名砚"之优点于一身，得到了启功、溥杰、范曾、黄胄、杨超、千家驹、董寿平、白雪石、王遐举等文化名人纷纷赞誉，被誉为"砚中珍品""书画良友""中国名砚""砚中瑰宝""文房奇品""美石妙品"等。特别是书法家、书画鉴定家启功先生亲笔为苴却砚书写题名"中国苴却砚"。同时，攀枝花市生产雕刻的苴却砚在中国文化界、艺术界以及学术界被公认为继"四大名砚"之后异军突起的名砚新品种，具有极高的艺术价值和观赏收藏价值，欣赏、收藏、研究苴却砚也成为一种文化风气和文化现象。2009年9月3日，中国文房四宝协会会长郭海棠在首届"苴却砚文化艺术节"上代表中国文房四宝协会授予攀枝花市仁和区"中国苴却砚之乡"称号，"中国苴却砚雕刻技艺"被评为了四川省级非物质文化遗产。2009年12月，苴却砚文化产业园区被四川省文化厅命名为"四川省文化产业示范基地"。2010年8月，攀枝花市选送的"微雕钢城""心语"等13方苴却砚亮相世博会（上海），在海内外产生广泛的影响。2010年10月，中国轻工业联合会、中国文房四宝协会授予攀枝花市仁和区"中国文房四宝特色区域——中国苴却砚之乡"荣誉称号。2011年7月12日，攀枝花市仁和区"苴却砚"被中国质检总局认定为国家地理标志保护产品。2013年1月17日，攀枝花市鑫苑工艺美术制品厂被列入非物质文化遗产生产性保护示范基地的生产厂家。2014年6月，攀枝花市敬如石艺有限责任公司（罗氏兄弟石艺研究所）被四川省文化厅评为"非遗苴却砚雕刻技艺传习基地"。

目前,苴却砚雕刻技艺已经达到较高水平。经过多年的努力和发展,攀枝花市苴却砚产业格局基本形成,境内有苴却砚雕刻企业(厂家、作坊、门市)近100家,从业人员数千人,苴却砚已成为攀枝花独特的文化特色产品和优势品牌。尤其是自2009年攀枝花市申报的"中国苴却砚雕刻技艺"被评为省级非物质文化遗产以来,苴却砚的保护、生产、传承、发展一直是攀枝花市非遗保护中的一项重要工作。拥有省级非物质文化遗产生产性保护示范基地,对于进一步加强攀枝花非物质文化遗产的保护和传承将起到积极作用,将有助于进一步推动苴却砚的保护、生产、传承,促其发挥示范、带动作用。

近年来,攀枝花市坚持以"培育壮大文化产业,打造特色文化品牌"为目标,按照"做好一个文化产业发展规划,建好一个文化产业园区,培育一批文化龙头企业,打造地方特色文化品牌"的工作思路,不断加大苴却砚文化产业开发力度,努力将文化产业培育成新的经济增长点。"中国苴却砚之乡"——攀枝花市仁和区将弘扬苴却砚文化纳入区域内文化建设和城市旅游发展,以打造具有核心竞争力的文化产业品牌、建设独具地方特色的文化支柱产业、带动区域经济发展为目标,以打造"千砚工程"为抓手,大力推进苴却砚文化产业发展。同时,攀枝花市仁和区苴却砚文化产业园区将充分发挥"四川省文化产业示范基地"的集聚作用,吸引更多有实力和潜质的企业进入园区,实现产业集聚和规模化生产。同时,将在园区建设一个苴却砚集中创作加工区,满足产业发展需要。创作加工区只是生产环节——苴却砚产业链条的中游,在产业的下游,攀枝花市将建设苴却砚集中展示销售区,在仁和区的大河边规划建造一条苴却砚文化街,充分融入园林、文化、旅游等元素,突出"砚、玉、石"主题,把大河苴却砚文化街建成外来游客到攀枝花必到的重要景区。另外,为推进苴却砚文化产业发展、延伸产业链,攀枝花市还将探索"企业+大师+基地"的生产经营模式,加强非砚产品的创意设计,设立文化产业发展专项资金,每年不少于100万元,并根据财力情况逐年增加。该资金主要用于龙头企业扶持补贴、重点项目建设、产业配套设施、人才培养、品牌包装等。到2017年,攀枝花市培养了一批仁和区级设计雕刻技艺人员,市级工艺美术师,省级、国家级工艺美术师,同时,创建国家级文化产业示范园区。到2017年,力争培育5至10家示范企业和 3 至 5 家龙头企业，实现产业年均销售持续增长。

与此同时，苴却砚矿产资源一直得到攀枝花市委、市政府的高度重视。早在1991年，苴却砚产业发展初期，攀枝花市经委、市公安局等部门就已联合出台《关于加强苴却砚石矿资源保护和市场管理的规定》。2006年底，攀枝花市仁和区国有资产投资公司投资 1000 万元成立攀枝花龙潭苴却开发有限公司，负责对矿产资源开发的监督管理，并长期组织专人和民兵进行巡查护矿。2009 年，攀枝花市政府下发《关于苴却石保护开发利用及产业发展的指导意见》，就苴却砚（石）的资源管理保护、市场规范、产业发展布局、支持保障措施等方面制订了细致的原则性指导意见。"苴却砚"取得国家地理标志保护产品标准后，使苴却砚的产品保护和产业规格上升到国家制度层面。

第二节　主要苴却砚企业

罗氏兄弟石艺研究所（攀枝花市敬如石艺有限责任公司）

罗氏兄弟石艺研究所（攀枝花市敬如石艺有限责任公司）是罗氏三兄弟（罗春明、罗润先、罗伟先）首创的集石雕艺术品开发、生产及销售为一体的民营企业。公司成立于 1999 年 11 月，位于攀枝花市南山循环经济发展区，注册资金 100 万元，法人代表罗春明。

企业有员工 120 多人，专业石雕人才共 90 余人。其中，国家级砚雕艺术大师 1 人，四川省工艺美术大师 3 人，联合国教科文组织和中国民间文艺家协会授予一级民间工艺美术家 1 人、民间工艺美术家 1 人，公司评定的工艺美术大师 36 人，公司内设 16 个“大师工作室”。该企业是中国文房四宝协会副理事长单位、四川省工艺美术协会副理事长单位、四川省工艺美术协会苴却石雕刻专业委员会副主任单位、攀枝花市文联民间文艺家协会副理事长单位、攀枝花市苴却石行业协会副理事长单位。企业被授予“四川文化品牌理事单位”“首届四川特色文化旅游品牌企业”称号，2014 年，四川省文化厅授予“非物质文化遗产苴却观雕刻技艺传习基地”。2016 年“罗氏三兄弟被推举为‘大国非遗工匠宣传大使’”，在人民大会堂受牌。

罗氏兄弟石艺研究所一方面坚持手工制作，在石砚的题材、用料、雕工等方面开拓创新，另一方面，利用神奇的苴却石材之天然石品花纹，开发出具有独特风格的艺术品、高雅的礼品、旅游纪念品，如文镇、印章、摆件、挂件、烟缸、烛台、茶盘、笔架、笔筒、佩饰等。该企业的"天工艺苑"牌高档苴却砚连续三届被授予"国之宝——中国十大名砚"证书，参与主导研发的"苴却砚开发"项目在"七五全国星火计划成果博览会"获得金奖。1995 年，罗氏兄弟参与设计、修改和撰写说明的苴却砚入选国家级礼品，随访日本和韩国。2010 年，该企业雕刻的 7 方苴却砚在上海世博会展出，其中"微雕钢城砚""秋山归牧砚"引人注目。2016 年至 2017 年，罗氏苴却砚获得四项国家专利。

近年来，该企业雕刻的苴却砚分别获中国文物局颁发的"民族艺术珍品奖"、第四届中国昆明旅游节商品展览会"名特优旅游商品奖"、"第五届亚洲及太平洋地区国际博览会金奖"、"国际中国书画博览会金奖"、"亚太地区博览会获金奖"、"首届中国名砚博览会金奖"。此外，"兼葭"苴却砚获第五届中国艺术节铜奖；"山水座件"苴却砚获中国民间艺术百绝群英会金奖、"秋山归牧砚"苴却砚获深圳全国文博会金奖。"古砚新趣""兰亭雅集""夜游赤壁"等苴却砚分别在"中国工艺美术大师作品暨国际艺术精品博览会"获金、银、铜奖。"大漠月影""金江初雪""孔子""牧趣""晨飞"苴却砚在四川工艺美术协会主办的三次大展中获金奖，"青铜古韵""中庸尚书""晨晖"苴却砚获银奖。"卓玛""女娲补天""山水砚系列""宝盒系列""仿古砚系列""秋色归牧""竹节""牧"等苴却砚分别在"中国文房四宝艺术博览会"获金奖。"变色龙""非洲少女""苴却石摆件系列""天香砚"等苴却砚分别获四川省旅游纪念品设计大赛金奖。2014 年 3 月，作品"大漠落日圆"获得第四十九届全国工艺品、旅游纪念品暨家居用品交易会"金凤凰"创新产品设计大奖赛金奖。2014 年 5 月，作品"月下独酌"获得首届昆明文化旅游博览会"世博·中国馆杯"砚雕作品大奖赛金奖。2014 年 6 月，作品"凤求凰"获得第四届"四川省工艺美术精品展"金奖。2014 年 7 月，作品"大山深处是我家"获得 2014 中国昆明泛亚石博览会"精品邀请展"金奖。2015 年 9 月，作品"岁月金沙"获得"看四川——民间文艺创作工作"优秀作品。2016 年 10 月，苴却石摆件"兰亭序"获第十七届中国工艺美术大师作品暨手工艺术精品博览会"百花杯"金奖。2016 年 11 月，罗氏三兄弟获"大国非遗工匠宣传大使"称号。2017 年 5 月，苴却盒砚"秋近"获第十三届深圳"中国文化博览会"银奖。2017 年 9 月，作品"龙凤风华砚"获中国工艺美术学会民间工艺美术专业委员会第三十二届年会"匠心独运"一等奖。2017年9月，著作《天人合一哲学思想与薄意彩雕苴却盒砚》获得中国工艺美术学会民间工艺美术专业委员会第三十二届年会"乡土奖"优秀奖。2018年10月获中工美"百花杯"金奖、银奖各一枚。

曹加勇石雕艺术工作室

曹加勇石雕艺术工作室成立于2006年，工商注册为龙潭苴却石雕刻艺术品研制所，位于仁和区大龙潭乡。2012年，经第六届中国工艺美术大师评审工作领导小组审定，授予曹加勇第六届中国工艺美术大师荣誉称号，原"龙潭苴却石雕刻艺术品研制所"更名为"曹加勇石雕艺术工作室"。这是攀枝花市苴却石原产地首个由国家级工艺美术大师创建的工作室。工作室现有职工20余人，其中中国工艺美术大师1人、苴却石精品创作人员8人、市场宣传和营销推广人员5人、后勤工作人员3人。

工作室作品讲究因材施艺，巧借天工，并赋予作品深远的文化内涵。主要产品有苴却石砚台、文镇、印章、摆件、挂饰、屏风、烟缸、烛台、茶盘、笔架、笔筒、佩饰、家居装饰工艺品等，同时兼营苴却石商务、会议礼品及各类纪念品。

工作室创作的作品"饮中八仙"苴却砚获第三届中国工艺美术大师作品暨国际艺术精品博览会银奖，"济公新传"苴却砚获优秀奖。"江山多娇"苴却砚获第六届中国工艺美术大师作品暨工艺美术精品博览会2005年"百花杯"中国工艺美术精品奖金奖。"国宝荟萃"苴却砚获第八届中国工艺美术大师作品暨工艺美术精品博览会2007年"百花杯"中国工艺美术精品奖铜奖，"四美图"苴却砚获优秀奖。"故园之恋"苴却砚获2009年四川省工艺美术精品暨旅游纪念品汇报展四川省工艺美术精品奖金奖，"古韵"苴却砚获银奖。"浴春"苴却砚获第十届中国工艺美术大师作品暨国际艺术精品博览会2009年"天工艺苑·百花杯"中国工艺美术精品奖优秀奖。"古韵"苴却砚获2011年中国攀枝花欢乐阳光节第三届苴却砚文化艺术节精品展金奖，"江山楼阁"苴却砚获银奖。"亭台楼阁"苴却砚获2012年四川省工艺美术精品展金奖，"仙踪""山珍"分别获银奖、铜奖。

国丰（攀枝花）工艺品有限公司

国丰（攀枝花）工艺品有限公司成立于 1999 年，位于攀枝花市仁和区大龙潭乡，由中国文房四宝协会常务理事、台商吴金泉先生独资兴办，法人代表吴金泉。公司专业从事攀枝花苴却石产品的开发、研制、生产和销售，主营产品包括砚台、文房清供系列、茶盘、香炉香具、高档锦盒等系列艺术收藏品、工艺礼品和文化用品。该企业自创"国丰牌""金沙江牌"两个品牌。

1999 年，"国丰牌"苴却砚荣获中国文房四宝协会颁发的"全国文房四宝著名品牌"证书。2002 年，公司选送作品"夔龙戏珠迴纹门字砚"苴却砚荣获中国文房四宝名师名砚精品大赛金奖。2003 年，"一品清廉"苴却砚荣获第三届中国文房四宝名师名砚精品大赛金奖。2010 年，"集贤"苴却砚、"太平富贵"苴却砚在第二十五届全国文房四宝艺术博览会上荣获两枚金奖。2012 年，"福寿如意套砚"在第二十九届全国文房四宝艺术博览会上荣获金奖。

攀枝花市乐石艺术开发有限公司

攀枝花市乐石艺术开发有限公司成立于 2006 年，位于攀枝花市东区炳草岗大桥桥北北部站，法人代表程学勇。

该公司专业从事苴却石以及其他宝玉石、奇石、化石等石材的雕刻创作，作品曾获中国创造·民间文化品牌珍贵艺术品 AAA 奖、中国艺术节金奖、四川省特色旅游商品金奖品牌。另外，该公司还先后被评为四川省旅游骨干企业和攀枝花市旅游工作先进单位、优秀人才示范岗等。

鑫艺工艺美术制品厂

鑫艺工艺美术制品厂成立于 1997 年，位于攀枝花市仁和区南山循环经济发展区，注册资金 420 万元，法人代表任述斌，是以生产、研究、开发、销售苴却石雕刻艺术品为主的生产企业。现有专业石雕人才 52 人、高级技术人才 30 人。

该企业主要产品有苴却石砚台、摆件、挂件、笔架、笔筒、佩饰等以及商务、会议礼品及各类纪念品。公司把传统和现代文化艺术相结合，曾创作出"九九回归""史记"等巨型苴却砚。2008年，该企业雕刻的"九龙至尊"苴却砚当时以砚雕之最大（195cm×113cm）、最重（980公斤）、石眼最多（229颗）而闻名，在"东盟奇石博览会"上获得金奖。2012年6月，公司法人被四川省文化厅命名为"中国·四川省·非物质文化遗产苴却砚雕刻"代表性传承人。2013年1月17日，公司成为四川省首批进入非物质文化遗产生产性保护示范基地的生产厂家。

洪海砚斋

洪海砚斋成立于2006年，位于仁和区大龙潭彝族乡干坝子村干沟箐组28号，主要从事苴却砚研究和创作。2009年，该企业作品"竹里馆"苴却砚荣获攀枝花市首届苴却砚文化艺术节特等奖。2011年，"化蝶"苴却砚荣获攀枝花市第三届苴却砚文化艺术节金奖。2012年，"彝家阿妹"苴却砚荣获攀枝花市第四届苴却砚文化艺术节特等奖，"送子观音"苴却砚荣获四川省工艺美术精品展银奖，"一帘幽梦"苴却砚荣获四川省工艺美术精品展铜奖。2013年，"朝霞"苴却砚荣获四川省首届玉石文化节暨"荣盛杯·金鼎奖"三等奖。

攀枝花市益民工贸有限责任公司

攀枝花市益民工贸有限责任公司成立于1978年，位于攀枝花市东区鸿运巷，注册资金500万元，法人代表张竣山，是攀枝花市较早从事工业美术制品创作生产的厂家。公司下设苴却砚车间、宝玉石车间、木雕车间和艺术创作室等部门。

公司创作的"百眼百猴"苴却砚荣获第五届中国艺术节金奖。另外，该公司的作品获得过首届中国名师名砚精品大赛金、银、铜奖，第三届至第六届中国工艺美术大师作品及工艺美术精品博览会金、银、铜奖，中国"金凤凰"原创旅游工艺品设计大赛银奖，四川省第一、二届旅游商品大赛金、银、铜奖和优秀奖。所创作的大型苴却石雕"得天独厚"陈列于攀枝花市"金色的攀枝花"展览馆。该企业所创作的苴却砚被新华社，《人民中国》（海外版），央视第二、四套《走遍中国》（中国魅力城市展示），四川电视台，凤凰卫视，英国国家电视台，法国国家电视台等中外媒体刊播介绍。

攀枝花市贤山苴却砚有限公司

攀枝花市贤山苴却砚有限公司成立于 2013 年底，位于攀枝花市东区西海岸建材市场 36 号，法人代表刘开君，兼任开君苴却砚艺术研究所所长。开君苴却砚艺术研究所成立于 2006 年，专门研究苴却砚的雕刻艺术和开发以苴却石为原材料的系列艺术收藏品和旅游纪念品，生产各种题材的苴却砚、苴却石笔筒、笔架、镇纸等文房用品，还生产苴却石壁挂、石屏、小挂饰、掌中砚、工艺茶盘、摆件、挂件、赏石等旅游纪念品。

公司作品雕刻精致，多以深雕细琢、镂空透雕、因材俏色、题材多样见长，其作品线条流畅、形态自然，曾被中央电视台、四川电视台、成都电视台、《四川日报》《华西都市报》《成都商报》《四川广播电视报》《云南经济日报》《攀枝花日报》等媒体报道。该企业雕刻苴却砚被载入《祥和中国》艺术长卷、《中国知名品牌》艺术卷、《中国工艺美术》《四川工艺美术》、北京《工艺美术》等专业书刊。作品"松鹤延年"苴却砚获得 2007 年联合国教科文组织杰出手工艺"徽章"。刘开君本人在"中国知识产权文化大使"推选活动中获得提名。"九牛戏水"苴却砚被评为"中华民族艺术珍品"，"怀素自叙贴"苴却砚陈列于中华民族艺术珍品博物馆，"天仓"苴却砚获第九届中国工艺美术大师作品暨艺术精品博览会银奖。"怀素造像"苴却砚在 2008 年中国（昆明）东盟石文化博览会"神工奖"评选中获金奖。"神瓶"苴却砚获第九届中国西部"三品"博览会金奖，并获首届四川旅游商品设计大赛金奖。"和合纳福"苴却砚获海峡艺术品博览会金奖。"怀素书蕉"苴却砚获 2012 年中国（深圳）国际文化博览会"中国文房四宝艺术创新奖"金奖。"沉思"苴却砚获（2009—2011）中国工艺美术国家级培训项目"薪火杯"学员优秀作品展评最佳作品奖。

攀枝花太阳鸟文化传播有限公司

攀枝花太阳鸟文化传播有限公司成立于 2011 年 8 月，位于攀枝花仁和区宝兴北街 3 号，注册资金 1000 万元人民币，法人代表刘贵炳。公司占地 6.67 公顷的厂区是集苴却石研发、生产、展示、仓储、销售、培训、体验于一体的传承基地，是园林式综合性产业园。

该公司历时两年投资完成"千砚工程"，让古老的砚文化重新在现代社会中焕发勃勃生机，分别多次代表攀枝花市和四川省文化产业参加了国内外展赛，得到国家、省、市文化部门的肯定。

第三节　砚界盛举——千砚工程

"千砚工程"由攀枝花太阳鸟文化传播有限公司投资、攀枝花市苴却石行业协会创意构思、攀枝花市敬如石艺有限责任公司（罗氏兄弟石艺研究所）设计制作完成，主旨是以多题材的方式展示苴却石的优良石质和丰富多彩的石色花纹，展示苴却砚设计和雕刻者的高超技艺，从而提高苴却砚的知名度和美誉度，打造一张专属四川和攀枝花的特色文化名片。

"千砚工程"分"百儒砚""百碑砚""御书砚""百花砚""百果砚""百兽砚""百鸟砚""百景砚""龙凤砚""百诗砚"等十个题材，每种制砚百方，另加题首砚"金石行家——罗敬如"共计一千零一方砚，耗时三年。参与创意、设计、雕刻及辅助人员150余位，其中任秉惠创意设计"百儒砚""百碑砚""御书砚"300方，罗氏三兄弟（罗春明、罗润先、罗伟先）创意设计"百花砚""百果砚""百兽砚""百鸟砚""百景砚""龙凤砚""百诗砚"700方（罗春明总设计），规模宏大，实为一个创造中国砚文化历史的事件。

"千砚工程"之浩大，创作之艰难，超乎想象。首先是选材之难，难在制砚大多根据石材定题材，而千砚工程的每方砚都是先有题材，后选石料，往往翻完几大堆石料，还是找不到合适题材的石材；其次是创作之难，传统制砚的大多数是根据石料采用贯用的图案和手法雕刻，而千砚工程的每方砚，内容不同，构图不同，手法不同，都是新作。"千砚工程"是将苴却石已知的石品花纹囊括其中。靓丽的石眼，碧翠明鲜、晕瞳分明；精彩的石线，既有自然罗列，也有规则分布；多彩的石膘，既有翠绿，更有金黄，绚丽多彩，以紫黑色为基调，赤橙黄绿青蓝紫兼备，更有黄金黄、胭脂红、翡翠绿等难得石色；奇妙的石纹，如行云、如流水、如水藻、如近树……天工所成，栩栩如生。

　　"千砚工程"是当今苴却砚雕艺术的一次集中展示，也是全体苴却砚雕刻艺术家集体努力的成果。作为砚林的后起之秀，苴却砚的独特魅力将通过类似的不断努力而更加广泛地为众人所识。通过不断地学习交流，苴却砚的雕刻艺术水平也将会不断地提升进步。（图7-3-1至图7-3-40）

图7-3-1　"千砚工程"竣工典礼

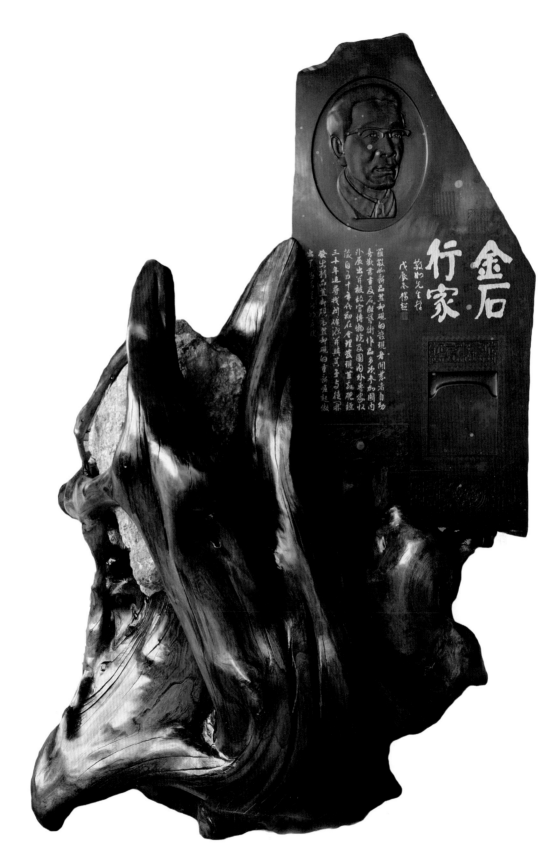

图 7-3-2 "千砚工程"两方大砚之一：新品苴却砚之父——罗敬如

图 7-3-3　"千砚工程"两方大砚之二：龙腾苴却盛世，凤舞千砚壮观

砚背铭文：记载了参与"千砚工程"的策划、设计、雕刻、制作等130余人。

图 7-3-4　百果砚——荸荠（黄绿膘）

图 7-3-5　百果砚——草莓（鳝鱼黄）

图 7-3-6　百果砚——哈密瓜（瓷石）

图 7-3-7　百果砚——芋头（瓷石）

图 7-3-8　百花砚——鸢尾（绿膘）

图 7-3-9　百果砚——苦瓜（青铜石）

图 7-3-10　百花砚——珙桐（绿膘）

图 7-3-11　百花砚——苏铁（黄膘）

图 7-3-12　百花砚——向日葵（黄绿膘）

图 7-3-13　百花砚——状元红（黄绿膘）

图 7-3-14　百景砚——布达拉宫（黄绿膘）

图 7-3-15　百景砚——成吉思汗陵（黄绿膘）

图 7-3-16　百景砚——嘉峪关（黄绿膘）

图 7-3-17　百景砚——滕王阁（黄绿膘）

图 7-3-18　百景砚——象鼻山（黄绿膘）

图 7-3-19　龙凤系列砚

图 7-3-20　龙凤系列砚

图 7-3-21　龙凤系列砚

图 7-3-22　百鸟砚——翠鸟（绿膘）

图 7-3-23　百鸟砚——孔雀（绿膘）

图 7-3-24　百兽砚——亚洲象（眼石）

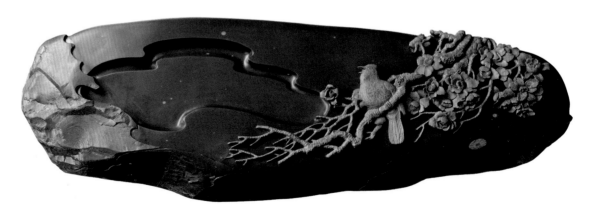

图 7-3-25　百鸟砚——红臀鹎（绿膘）

图 7-3-26　百兽砚——沙皮狗（绿膘）

图 7-3-27　百鸟砚——圣贤孔子鸟

图 7-3-28　百鸟砚——天鹅（黄绿膘）

图 7-3-29　砚御书系列

图 7-3-30　砚御书系列

图 7-3-31　砚御书系列

图 7-3-32　百儒砚

图 7-3-33　百帖砚

图 7-3-34　百诗砚——敕勒歌（眼石）

图 7-3-35　百诗砚——回乡偶书 贺知章（绿膘）

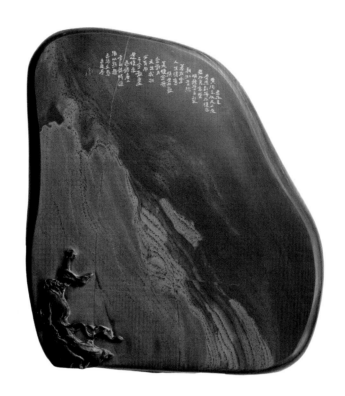

图 7-3-36　百诗砚——将进酒 李白（黄膘）

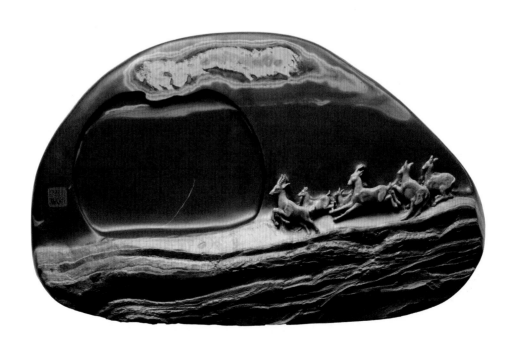

图 7-3-37　百兽砚——蹬羚（黄绿膘）

图 7-3-38
百兽砚——金丝猴（黄绿膘）

图 7-3-39
百兽砚——猎豹（鳝鱼黄）

春江晚景
竹外桃花三两枝　春江
水暖鸭先知　蒌蒿满地
芦芽短　正是河豚欲上时
壬辰　　　熊剛

图7-3-40　百诗砚——春江晚景　苏轼（绿膘）

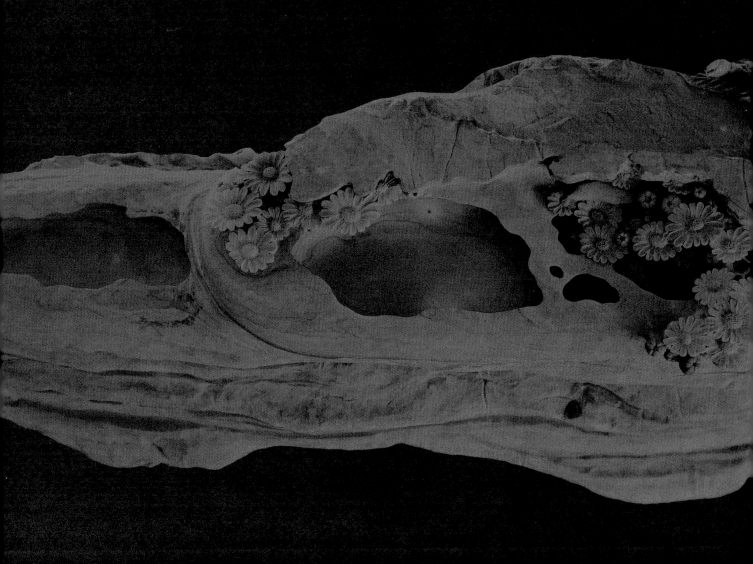

憩　巧用石材天然形态造型，巧用天然色彩简雕（装饰缸件）

第八章　苴却石非砚艺术品

　　苴却石美妙绝伦的石品和绚丽的色彩，使之不仅是做砚的良材，也是雕刻各种非砚艺术品的良材。砚雕师们以苴却砚为核心，延展出来许多非砚艺术品，满足人们多方面的审美需求。他们根据苴却石的色彩和形态制作挂件、摆件、把玩件、香具、茶具、缸件以及除砚之外的"文房清供"等，既有艺术类作品，亦有生活消费品，极大地丰富了苴却石雕的品类。

苴却石非砚艺术品是从苴却砚延展出来的，指用苴却石创造制作的除了砚以外的其他艺术品。

苴却砚重新面世的时代，正是砚的实用功能下降，而作为中华传统文化载体的功能、观赏功能乃至装饰功能上升的时代。苴却砚因其漂亮的石眼、石品花纹，加之巧形俏色的雕刻艺术，正好满足了这个时代的审美需求。事实上，新品苴却砚的从业者们有意无意地制作了两类砚品：一是以实用功能为主的砚，这类砚品不仅好用，而且符合"砚道"，是传统"砚文化"的再现，因此也能够满足人们对于中华传统文化的眷念情结以及由此而产生的审美需求；二是以观赏功能为主的砚，作者充分彰显和发掘苴却石石眼、石品的美感，融入工艺品创作手法。这类砚品不太看重其实用性，更看重工艺性、装饰性和时代性。

随着攀枝花苴却砚产业的发展壮大，从业者们又创造出了大量具有独立审美价值的非砚艺术品，这些艺术品很快进入了厅堂、馆所、酒店、写字楼及民居，成为许多人珍贵的藏品或礼品。这些非砚艺术品有的非常精美，具有很高的艺术价值和收藏价值。

第一节　非砚观赏装饰品

这类非砚艺术品是纯粹观赏品、装饰品、把玩品等，品类较多，以下列品种较为常见：

一、壁挂

又称挂件，指用苴却石创作的挂在墙壁上的装饰品，一般尺寸较大。壁挂又有两类：一类是裸挂，即将苴却石加工成独立的装饰品（不搭配镜框、衬板等）直接挂到墙上的壁挂。这类壁挂若石材形状好，设计巧妙，雕刻精美，便是非常漂亮装饰品。还有一类是搭配了镜框或衬板的壁挂。这类壁挂较为多见，且因不受石材体量的限制，可以做得很大，故可用于装饰较大型的楼堂馆所。以罗氏三兄弟为云南丽江四星级酒店剑南春文苑创作的系列壁挂为例，该壁挂根据英国著名畅销书作家詹姆斯·希尔顿（James Hilton，1900—1954）的小说《消失的地平线》，用38方苴却石"残砚"组合式系列壁挂表现了如诗如画、如梦如幻的香格里拉故事，被人们传颂欣赏。（图8-1-1至图8-1-5）

图 8-1-1　壁挂　山月

图 8-1-2　壁挂四件套　春夏

图 8-1-3　壁挂四件套　秋冬

图 8-1-4　扇形壁挂　采菊

图 8-1-5　攀枝花机场贵宾厅壁挂　攀枝花赋

二、摆件

又称座件，指用苴却石创作的摆放在桌上、博古架上、装饰架上的装饰品，一般要将做摆件的苴却石磨制成好看的形状，在上面进行雕刻。苴却石色彩丰富多彩，艺术家们往往巧用其色彩花纹，俏色雕刻山水、花鸟、人物等内容，十分耐看。摆件一般要配上木底座，使之完整。摆件有大有小，小的几十厘米高，大的达一两米高。（图 8-1-6 至图 8-1-14）

图 8-1-6　淡虚（摆件）

图 8-1-7　反弹琵琶（摆件）

图 8-1-8　九龙柱（摆件）

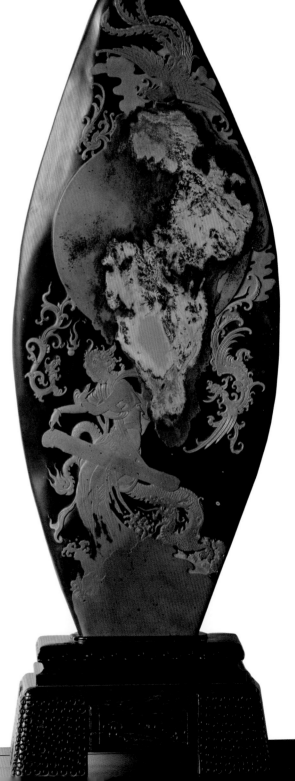

图 8-1-9　凤求凰（摆件）　作者：辛金磊

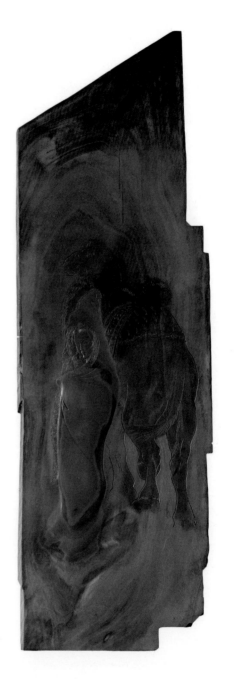

图 8-1-10　落雁羞花（摆件）　作者：辛金磊

图 8-1-11　鱼之乐（摆件）

图 8-1-12　夏之韵（摆件）　作者：曹加勇

图 8-1-13　向往（摆件）

图 8-1-14　夜游赤壁（摆件）

三、座屏

座屏是中国传统的案上装饰品，座屏框内有装大理石的，有装木雕的，也有装绣品的，这里指座屏框内镶嵌苴却石雕件的座屏。1956年，罗敬如先生就在民间发现了一件用苴却石雕刻的"八仙过海"座屏，雕工精湛。经钱秉初的儿子钱必生观察，此座屏应是钱秉初先生民国初年的作品。可见在新品苴却砚开发之前，当地砚工就已经制过座屏一类的非砚作品了。（图8-1-15至图8-1-20）

图8-1-15 竹林七贤（座屏） 作者：曹加勇

图 8-1-16　攀西风光——望江岭俯视金沙江（插屏）　作者：曹加勇

图 8-1-17　出浴（插屏）　作者：辛金磊

图 8-1-18　福寿（手把件）　　图 8-1-19　关公（手把件）　　图 8-1-20　济公（手把件）

四、手把件和小饰品

指用苴却石制作的用于手上把玩或作为首饰、配饰品的小型工艺品。这些小玩意儿大多巧形俏色或巧用石眼，可近距离赏玩。（图 8-1-21 至图 8-1-30）

图 8-1-21　知足（手把件）

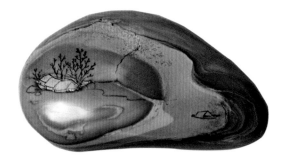

图 8-1-22　静（手把件）　　　　　　　图 8-1-23　鱼（手把件）

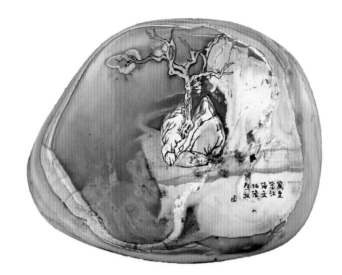

图 8-1-24　天地浩然秋（手把件）

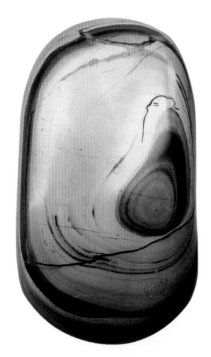

图 8-1-25　闲（手把件）

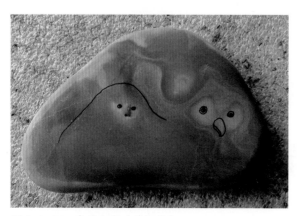

图 8-1-26　森林之夜（手把件）

图 8-1-27　蛇（手把件）

图 8-1-28　黄膘石雕刻的核桃（小饰品）

图 8-1-29　天真（小饰品）

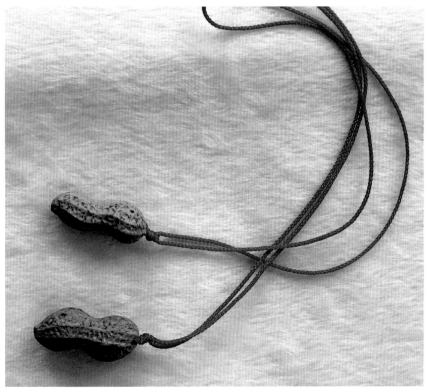

图 8-1-30
黄膘石雕刻的花生
（小饰品）

第二节　非砚实用工艺品

这类非砚艺术品同样具有实用性，但不再具备"砚"的实用功能，而以其他用品的实用功能取而代之，如茶盘、烟缸、"簸盒"、果盘、水盂、鱼缸、印章、笔筒、花插、文镇、烛台、印泥盒、宫廷宝盒、笔架、香器等。这些非砚实用工艺品除了注重其实用性外，也十分注重其装饰性、观赏性。以下按从业者习惯（不具严密的逻辑性）简明归纳概述之。

一、文房清供类

这里指除了砚以外的、用苴却石制作的其他文房用品，主要有笔筒、笔架、镇纸、印章、印泥盒等。其中常见的镇纸有两类：一种是常规的长条形镇纸；另一种是随形镇纸，这类镇纸根据石材的顺势随形磨制而成，雕上各种图案，别开生面。印章也有两类：一类是常见的方印和随形印。这类印章罗氏根据苴却石层膘（绿膘、黄膘等）的特点俏色雕刻山水、花鸟、人物，颇有苴却石印章独特的风貌。另一类是罗氏研发的大龙玉玺。玉玺巧用苴却眼石制作，选用上好石眼为珠，雕刻神龙蟠而戏之，颇有帝王之气。（图8-2-1至图8-2-23）

图 8-2-1　文房清供六套件　作者：辛金磊

图 8-2-2　天眼（笔架）

图 8-2-3　笔筒

图 8-2-4 笔筒

图 8-2-5 笔筒

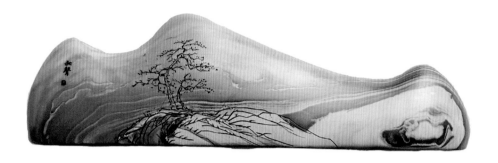

图 8-2-6　知足（笔架）

图 8-2-7　笔洗　作者：曹加勇

图 8-2-8　雪融（笔架）

图 8-2-9　笔洗

图 8-2-10　笔筒

图 8-2-11　笔洗

图 8-2-12　贵妃醉酒（臂搁）　作者：辛金磊

图 8-2-13 多功能小砚（砚、镇纸、笔架）

图 8-2-14　池式水滴　作者：辛金磊

图 8-2-15　印章　戏剧人生

图 8-2-16　香器

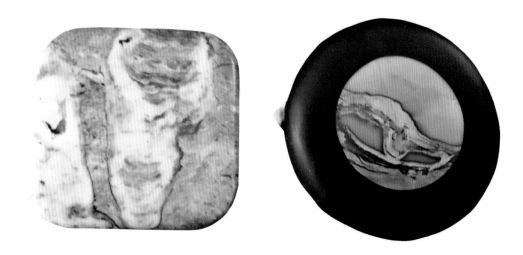

图 8-2-17　印泥盒

图 8-2-18　印章

图 8-2-19　印章

图 8-2-20　玺 神龙护宝

图 8-2-21　香器

图 8-2-22　镇条

图 8-2-23　镇条

二、生活用品类

指用于厅堂待客的苴却石器皿，如茶盘、烟缸、花插、香器以及鱼缸、水盂盛器等，或在生活中用得上的其他物品，例如健身球、按摩棒等一些健康用品，又例如宝盒、篾盒等较小的盛器等。

用苴却石制作的如鱼缸、水缸、果盘等盛器，大者长宽高超过 1.5 米以上，小者长宽高 10 多厘米。特别是用瓷石（苴却玉）雕琢的盛器，色彩绚丽丰富，俏色雕以花鸟虫鱼，十分可人。

苴却石茶盘是较有特色的苴却石非砚工艺品，人们创造了不同档次、不同规格、风格各异的茶盘，有的以实用为主，有的实用与观赏并重，可以满足人们的不同喜好。有的苴却石茶盘还配有苴却石雕刻的茶宠、茶具筒等物。

用黄膘苴却石雕制的篾盒，由于色彩酷似竹编，加之雕刻精致，看上去足以乱真。用苴却眼石雕刻的宫廷宝盒，其盒虽小，但雕刻十分精细，纹饰精巧典雅，用放大镜观察，足见作者刀功眼力。宝盒的用料往往采用上等眼石，其石眼形大而鲜活有神，配上精致图案，往往令人爱不释手。（图 8-2-24 至图 8-2-42）

图 8-2-24　茶盘

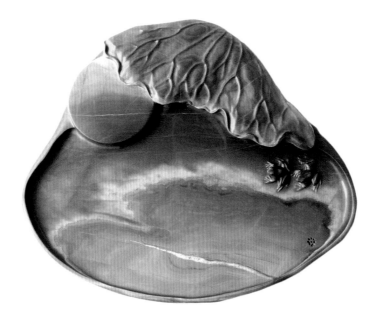

图 8-2-25　茶盘

图 8-2-26　茶盘

图 8-2-27　茶盘

图 8-2-28　装饰缸件

图 8-2-29　装饰缸件

图 8-2-30　装饰缸件

图 8-2-31　装饰果盘

图 8-2-32　吉祥盏　作者：辛金磊

图 8-2-33　茶、香两用盏

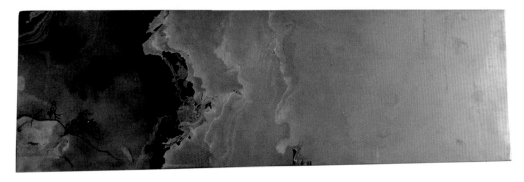

图 8-2-34　茶香两用盏

图 8-2-35 小烟缸

图 8-2-36 烟缸

图 8-2-37   鱼缸

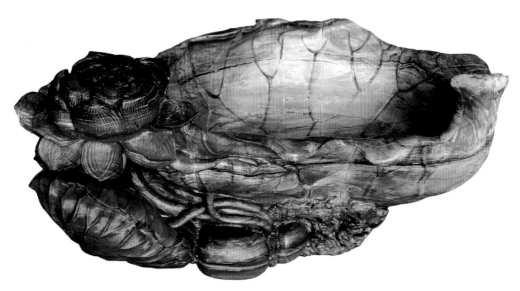

图 8-2-38   鱼缸

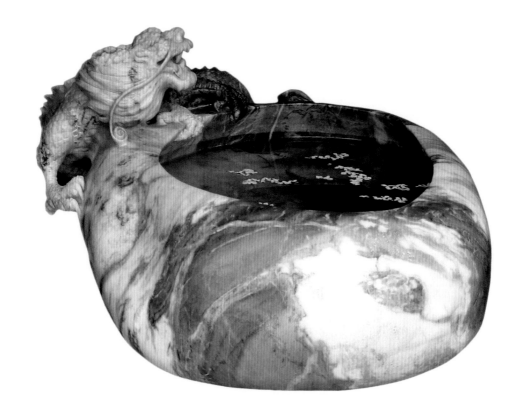

图 8-2-39　鱼缸

图 8-2-40　苴却砚石雕刻的"竹编盒子"

图 8-2-41　装饰缸件

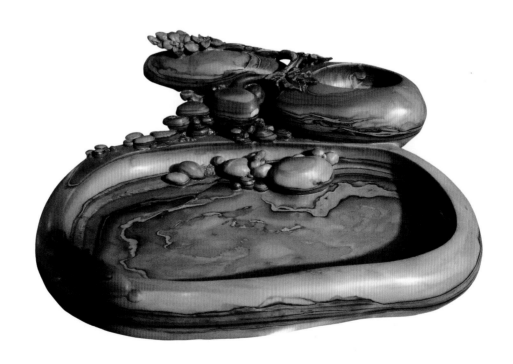

图 8-2-42　装饰缸件

秋山空亭砚
秋山起游岚，空亭独自闲。
不闻人语声，明月来相伴。

第九章　苴却砚雕名家及精品赏析

伴随着苴却砚事业的发展，如雨后春笋般涌现了一大批雕刻名家和苴却石艺术精品，让我们一起来领略这些砚雕艺术家的风采、品鉴这些年来他们创造的艺术精品吧。

第一节　苴却砚砚雕名家

罗氏三兄弟　三兄弟是已故"新品苴却砚之父"罗敬如先生的三个儿子。

老大罗春明——中国文房四宝协会副会长、四川省工艺美术协会副会长、首批中国文房四宝（砚）专家、《中国文房四宝》《四川工艺美术》杂志编委、中国文房四宝、砚专业委员会副文化、联合国教科文组织授于"一级民间工艺美术家"、中文副教授。

老二罗润先——四川省工艺美术大师，哲学副教授。

老三罗伟先——中国文房四宝制砚艺术大师、中国工艺美术行业大师、四川省工艺美术大师。

三兄弟承袭父艺，开创了"青绿山水""金碧山水""薄意彩雕"等技艺，风格独树一帜，对川滇石砚雕刻的发展产生了很大的影响。他们相继撰写编辑出版了《中国苴却砚》（关于苴却砚的第一部砚学专著）、《苴却砚精品集》（已出版12集）、《苴却砚史料汇编》等图书，作为副主编参与编撰《中国苴却砚图志》《至美宝藏——苴却砚》等数本著作、画册，发表《天人合一思想与薄意彩雕苴却盒砚》等数十篇砚学文章。三兄弟于2016年11月被推举为"大国非遗工匠宣传大使"。

主要获奖情况：1991年，其作品苴却砚在"七五全国星火计划成果博览会"上获金奖；2004年至2012年，在全国文房四宝艺术博览会上，作品获金奖5项。罗氏苴却砚获"十大名砚"称号。2010年，获中国（深圳）文博会"中国工艺美术文化创意奖"金奖。

2013 年，其作品获中工美"百花杯"金奖三项、银奖两项、铜奖一项。作品获中工美"金凤凰"创新产品设计大赛金奖一项。

曹加勇　1973 年出生于苴却砚乡大龙潭，自幼酷爱书画艺术。1994 年，入龙潭苴却砚厂学习砚雕。1998 年，入攀枝花市大雅苴却砚研制所任副所长兼工艺研究室主任。2012 年，被授予"四川省工艺美术大师"荣誉称号。2006 年，创建了龙潭苴却石雕刻艺术品研究所。2009 年，经四川省工艺美术协会推荐，唯一代表四川工艺美术行业参加了在工艺美术界有着极高美誉的中国雕刻艺术研究班，半年后以优异成绩结业。2002 年，以来，砚雕作品多次荣获国家级大奖。现为中国工艺美术协会高级会员、四川省工艺美术协会常务理事、四川省工艺美术大师、龙潭苴却石雕行业协会副会长。2012 年，被评为第六届中国工艺美术大师。

宋建明　艺名乐山，四川省高级民间艺术家、四川省工艺美术大师、优秀中华文艺家、中国苴却砚专委会理事、攀枝花石文化协会会员。2003 年，入编《中国民间艺术家大辞典》；2006 年，入编《中华文艺家大辞典》等大型艺术文献。1993 年步入艺坛，创作的苴却砚作品曾参加中国第五届艺术节、中国旅游商品交易会、2010 上海世博会、第二十七届全国文房四宝艺博会、昆交会和上海博览会，并多次获奖，大量作品被中外人士收藏。

苴却石雕"围棋"荣获 2004 年四川省优秀旅游纪念品金奖。"紫砂遗风砚"荣获"第二届四川省旅游商品设计大赛"银奖。2011 年，荣获"第三届苴却砚文化艺术节作品大赛"金奖。

张洪海　四川省工艺美术大师、中国工艺美术协会会员、四川省工艺美术协会理事、攀枝花市苴却石行业协会理事。

1976 年，生于四川省攀枝花市仁和区大龙潭乡（苴却砚发祥地），1995 年，开始学习苴却砚雕刻。制砚因材施艺，善巧形俏色，注重砚的创意，追求石品特色与砚的思想品味浑然天成的境界，作品具有独特的个性，是本土具有一定代表性的草根艺人。

　　辛金磊　中国砚研究会理事、四川省工艺美术协会理事、四川省攀枝花市苴却石行业协会会员、四川省攀枝花市大龙潭彝族乡苴却石行业协会理事。

　　1974 年出生于内蒙古赤峰市，自幼酷爱书画、文学艺术。1991 年，考入内蒙古大学艺术学院美术系。1995 年，大学毕业后，步入艺坛。在福建省福州市拜师学艺，学习寿山石雕刻，频受师傅的喜爱，并得到师傅精心真传。1999 年，因公司工作安排，被调往四川省攀枝花市（国丰工艺品有限公司）金少江砚厂设计砚雕工作。在这期间坚持不懈努力学习与研究砚雕与砚文化，相继创作了大量的苴却砚作品，得到了业内外人士的好评，作品被许多收藏家和收藏爱好者观注并收藏。

　　2002 年，仿古砚"博古螭龙"在中国文房四宝协会举办的全国名师名砚精品大赛中荣获银奖。2003 年，仿古砚"提箩"在中国文房四宝协会举办的全国名师名砚精品大赛中荣获金奖。2005 年 11 月，成立了个人工作室"石缘斋"。2010 年，仿古砚"姻绿合璧"在攀枝花市第二届苴却砚文化艺术节中荣获特等奖。2011 年，仿古砚"龙凤呈祥合盒"在攀枝花市第二届苴却砚文化艺术节中荣获特等奖，仿石砚"平安套砚"获得金奖。

　　刘开君　1963 年生于四川广安。四川省工艺美术大师、中国工艺美术协会高级会员、四川省工艺美术协会常务理事、著名中国苴却砚职业砚雕艺术家。专业从事中国苴却砚的雕刻与研究。多年的砚雕生涯，锤炼出他雕刻艺术的独特风格。讲求因材施艺、天然造化，创意新雅，作品雕刻精致，多以深雕细琢、镂空透雕、因材俏色、题材多样见长。其作品线条流畅、形态自然，多次在大型展赛中获得奖项，并被海内外知名人士收藏。

　　吴志丹　1973 年 5 月生于四川乐山，四川省工艺美术大师。轻工系统全国劳动模范。1990 年，高中毕业至攀枝花市苴却砚厂学习苴却砚雕刻，其间（1993 年 9 月至 1995 年 7 月）在贵阳师范高等专科学院工艺美术专业学习。

　　新品苴却砚开发者之一，积极开发研制苴却砚的雕刻题材，创新提升雕刻手法，并针对苴却砚的石材特点，广泛学习各地特色的石雕技艺，吸收和引进石雕新技术和新工具，拓展了苴却砚的创作范围，每年都有不同表现形式、不同题材的作品面世，对攀枝花苴却砚初期的发展起到了至关重要的作用。现任攀枝花市敬如石艺有限责任公司技术开发部主任，分管技术、培训及新产品开发工作，在技术创新方面起到了引领作用，为苴却砚的行业发展、技术创新、人才培养及企业发展等各方面做出了重大的贡献。由于多年的学习、创新，其作品也得到了业内广泛赞赏。从 1997 年起，他创作或参与创作的作品"百子砚""卓玛""少女头像""青铜古韵""微雕钢城""秋山归牧砚"等，屡获金奖。2010 年，参与设计制作的数件作品经省专家评选，入选世博会。

程学勇　艺名乐石，1974 年生于四川乐山。四川省工艺美术大师，联合国教科文组织授予工艺美术家，四川省工艺美术协会常务理事，四川省文化品牌发展促进会理事，四川特色旅游商品品牌创新人物，四川省民间工艺百家，世界文化艺术研究中心研究员暨大型国际交流系列书刊特别顾问、编委，中国民间文艺家协会会员。攀枝花市旅游商品分会会长，苴却石行业协会理事，金沙文化苴却石产业开发研究所所长，攀枝花市乐石艺术开发有限公司艺术总监，攀枝花市花雨金沙旅游文化特色城董事长。攀枝花市纪委、监察局特邀监察员，攀枝花市经委政风行风监督员，优秀政协委员。科学发展观社会监督员，攀枝花市优秀人才示范岗带头人。

其雕刻作品工精艺绝、巧形俏色，达到了人工雕琢与自然成趣的和谐统一，被各界知名人士及国家领导人收藏。作品曾获"中国艺术节"金奖，"中国民族民间工艺品、旅游纪念品、收藏品博览会"金奖，"中国民间文艺山花奖"，"中国工艺美术大师精品百花奖"等。其业绩在中央电视台等各大媒体均有报道，被收录于《中国民间工艺美术家名典》《中国现代艺术精品集》《中国专家人才库》《世界名人录》等。艺无止境，程学勇仍将潜心励志，躬耕石田，雕己所思，思己所雕，以雕以琢，成就独特的雕刻艺术风格。

杨军　字石梦，1974 年生于四川乐至县，四川省工艺美术大师。1992 年步入艺坛，潜心立志，耘耕石田，擅长砚的创意设计，巧形巧色，追求人工与自然和谐统一。娴熟的刀工技法，融汇了书法之笔墨情趣。其作品工精艺绝，"国魂"被国家领导人收藏，"松鹤长青""硕果""二龙戏珠"被选为国礼送给日本、韩国领导人。"松鹤长青"被日本天皇收藏。艺无止境，吾以石为梦，还石头自己的生命！

　　邓汉成　艺名耕石，1964 年生于四川乐至县。四川省工艺美术大师、四川省工艺美术行业协会理事。其作品因材施艺，工写结合，构图和谐新颖，不拘于传统，力求简中意长，用石巧妙并与自然之美融合，风格独具，从而使研墨的工具升华为最具收藏魅力的艺术品。作品多次参展并获奖。有多篇文论发表于各大报刊杂志上。有多方作品收录于《苴却砚的鉴别和欣赏》《砚谈》《四川工艺美术》中，得到众多收藏家的喜爱和收藏。其作品言简意长、清淳灵秀、意味古雅。

　　任述斌　生于 1967 年，艺名仁诚，斋号石言轩。四川省工艺美术大师。自幼酷爱民间雕刻绘画艺术。12 岁随父在具有百年历史的"任氏石雕"学石刻飞禽走兽、人物花卉。足及川东十余县市。凭着天赋和激情，不断传承与创新。17 岁接任任家祖传石班"掌墨司"。1985 年，创作的书画作品《天地人》《晚歌》荣获四川省农民书画展二等奖，《秋天的蜜蜂》荣获全国农民书画展三等奖。1987 年，参与刘伯坚纪念馆沙盘雕塑创作，作品《宁都起义》受到各界人士好评。1991 年，来到攀枝花开始苴却砚研刻、制砚，师古不泥古，因材施艺，巧用石品。作品古朴高雅、清新自然、如诗如画。他带着巴山蜀水浓郁的牧歌情调，镌刻出一件件的国家级珍品。不少作品东渡日本，远销海内外。1994 年，送展的"观音砚"和"奔月砚"获"第五届亚洲及太平洋国际博览会"金奖。"古币砚""济公砚"在"中国国际书画博览会"上夺魁。1995 年，创作的两方"松鹤砚"被作为国礼，赠送日本天皇和韩国总统。1995 年 10 月，被联合国教科文组织授予"中国民间工艺美术家"称号。

　　1997 年，创办鑫艺工艺美术制品厂，博采百家、广纳贤才，虚心向端歙等名砚大师学习，把传统和现代文化艺术相结合，创作出"九九回归""史记"等巨砚。2008 年，献给祖国改革开放 30 周年的"九龙至尊"以苴却砚雕之最大（195cm×113cm）、最重（98 公斤）、石眼最多（229 颗）而闻名，加之巧妙的构思、精湛的雕技，一幅龙腾盛世、欣欣向荣的景象跃然而出，在"东盟奇石博览会"上一举获得金奖。

张建　号无耶山人，四川省工艺美术大师。1968 年 10 月出生，安徽歙县人。1986 年，在安徽省歙砚研究所开始学做砚台。1988 年，在安徽四宝研究所开始歙砚创作。1994 年起，应聘到攀枝花市大雅堂中国苴却砚研究所从事苴却砚的创作。擅长砚的创意设计，秉承雕前先读石的原则。因苴却石以其独特的行、品、质、色展示出它的鲜明个性，渴望与作者进行灵魂的沟通。每块自然的砚石都是孤品，都只有一个最佳的设计方案，故只有爱它、读它、懂它后才能爆发出创作的灵感。认为创意是砚的灵魂，应因材施艺而不可用固定的模式和风格强加于砚石。主张半留本色，少雕为佳，雕似未雕，不雕胜雕，人石合一，自然天成。其创作的作品用刀细腻之中蕴粗犷，苍劲雄健。作品圆融中不失雄壮，飘逸中不失浑厚，气韵生动，多次获奖。

蒋静　1975 年出生，四川省米易县人。四川省工艺美术行业协会理事、四川省工艺美术大师。

自幼酷爱绘画，6 岁进入县文化馆学习书法、绘画。初中时曾获得全县青少年书画比赛一等奖。毕业后就读攀枝花市第一职业中学广告装潢专业，师从金江画院院长刘饰华、徐建兴、康林等知名画家。后到四川美术学院、四川大学艺术学院深造。2003 年，被罗氏石艺研究所聘为技术委员兼车间主任，研究所工艺美术大师、讲师，负责技术生产并授徒传艺。

2015 年，选送作品"江南春""钱塘江观潮"获四川省工艺美术精品展示奖。2016 年，作品"山城印象"获"第八届苴却砚文化节"金奖。2017 年，选送作品参加中华炎黄文化研究会砚文化联合会在北京举办的第六届"全国精品砚评选会""达摩神悟图""牡丹亭"荣获一等奖，"塞外骆驼"获二等奖。2018 年，作品"送别"苴却石摆件在"五十三届全国工艺品交易会"获"金凤凰"创新产品设计大奖赛银奖。

　　高晓莉　女，彝族。1973 年出生于中国苴却砚石原产地四川省攀枝花市仁和区大龙潭彝族乡。四川省工艺美术行业协会会员、四川省妇女手工编织协会理事、四川省攀枝花市苴却砚雕刻行业协会会员。2014 年，获攀枝花市"第一届工艺美术师"荣誉称号。1994 年，经选拔进入攀枝花市仁和区大龙潭乡首届"龙潭砚厂"学习砚雕技艺。1998 年，创办个体砚雕"石艺斋"工作室。从事苴却砚石创意设计、雕刻制作，授徒传艺至今二十年有余。2017 年 4 月，结业于四川大学艺术院校非遗传承人（雕刻类）研修培训班。作品除山水、花鸟草虫外，更偏爱于中国古代仕女的研习和雕刻。其作品多次获奖。

注：1.文中的苴却砚作品图片，凡是没有署名的，其作者均为罗氏三兄弟。

2.石种、石品花纹、工艺流程等技术层面的图片均为罗氏三兄弟拍摄、提供。

第二节　苴却砚精品赏析

名称：古砚新趣

类别：砚　作者：罗氏三兄弟

尺寸：49cm×25 cm×4cm

石材：苴却眼石

石品：石眼、边皮

赏析： 这方砚采用了两种表现手法，用古典主义手法雕刻斑驳的古砚，用现实主义手法雕刻了一只蜥蜴，形成对比，凭添新趣。雕刻巧留石材天然肌理、边皮，与雕刻的龙凤纹古器于强烈的对比中成就和谐。天然肌理、边皮尽显石材的质朴，龙凤纹古器表现作者精湛的手工技艺。砚堂、墨池设计巧妙，获古雅砚味，文气浓郁。配刻蜥蜴涉足砚堂，更添生机活力。

名称：春声　　类别：砚　　作者：曹加勇

尺寸：54.5cm×23cm×4.5cm　　石材：苴却眼石　　石品：绿膘石眼、边皮

赏析：此砚石绿膘碧绿无瑕，石眼清澈亮丽，石皮肌理丰富，在苴却石中极为罕见。作者通过精细刻画，轻盈的鸟声引来天真的女声吟唱，展现出天真浪漫的情趣。整件作品章法严谨，俏色天成，给人感觉轻快优美、天机盎然，充满着自然与人文和谐的情趣。

名称：山珍

类别：砚　　作者：宋建明

尺寸：30cm×22cm×5cm

石材：苴却膘石

石品：黄膘

赏析：巧用黄膘上的色彩变化表现了蘑菇的质感，蘑菇"姿态"优美和谐。作者还特意表现了蘑菇的一些细节，十分耐看。俏色精雕的蚂蚁亦十分生动。

名称：童真

类别：砚　　作者：张洪海

尺寸：22.5cm×15cm×2.5cm

石材：苴却膘石

石品：黄膘、鱼肚白

赏析：此砚巧留黄膘上面的鱼肚白作为孩童的衣服和头发。孩童神态顽皮而朴素，表情天真而自得。

名称：茶马古道　　类别：摆件　　作者：蒋静

尺寸：53cm×87cm×5cm　　石材：苴却膘石　　石品：复合彩膘

赏析：此砚复合彩膘很漂亮，天然形成天高风急的画面。作者雕刻了一队艰难前行的马帮，表现了马帮不畏山高水险、荒野肃杀、奋力拼搏的精神风貌。

名称：岁月金沙　　类别：摆件　　作者：罗氏三兄弟

尺寸：25cm×36cm×1.8cm　　石材：瓷石　石品：黄膘、鱼肚白

赏析：作者利用瓷石颜色的不同，表现江边的房屋树木、道路岩石，尤其巧用石材的天然肌理，表现江岸被江水长期冲刷的痕迹，一种岁月的沧桑感油然而生。

名称：梦蝶　　类别：砚　　作者：邓汉成

尺寸：18.5cm×21cm×12.7cm　　石材：苴却膘石　石品：绿膘

赏析：苴却绿膘石雕刻庄子，砚堂内一天然形成的蝴蝶翩翩飞翔，是为"庄周梦蝶"。

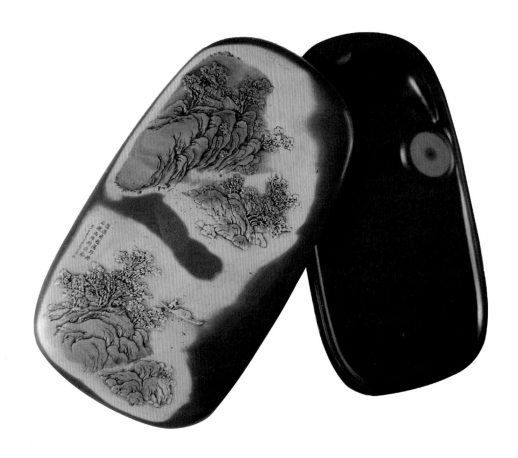

名称：烟渚泊舟　　类别：砚　　作者：罗氏三兄弟

尺寸：17cm×10cm×4cm　　石材：苴却膘石、眼石　　石品：黄膘、鱼肚白、石眼

赏析：这是作者在罗氏"青绿山水"和"金碧山水"的基础上研发的"薄艺彩雕"技法，即按照苴却石彩色石品的色彩变化，运用中国传统绘画的表现手法，薄雕各种景物。作品富有传统文化韵味。运用此种手法亦可表现富有现代气息的作品。这件作品巧用黄膘为山石鱼肚白为湖水，宛如薄薄烟雾漂浮水面。原创诗云："薄雾浸渚泊小舟、清浪净沙鱼竞游。最是一处无尘器，细听水声解乡愁。"

名称：江山多娇　　类别：砚　　作者：曹加勇

尺寸：87cm×78cm×7cm　　石材：苴却膘石　　石品：绿膘、水藻纹、石皮

赏析：旭日初升，大河山川银妆素裹，长城如银龙般蜿蜒穿行而上，苍山叠嶂含烟，分外妖娆。

作者利用苴却石天然如画之水藻纹配刻长城居庸关，盘旋而上的长城象征中华民族不屈不挠、奋发向上之精神气魄。最妙之处在于此作品右上角一颗在创作近尾声之时偶然出现的一颗天然石眼，正好喻寓于一轮明月，与左上角之朝阳构成一幅日月同辉、江山多娇之美景。

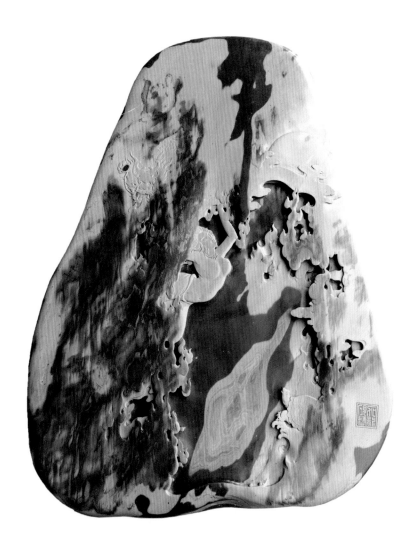

名称：女娲补天　　类别：摆件　　作者：张宏

尺寸：72cm×55cm×13cm　石材：苴却膘石　石品：绿膘、鸡血红

赏析：绿膘纯净，雕刻为女娲身体，有美感。重要的是，巧用绿膘上面富于动感的鸡血红作为火焰，烘托了女娲补天的热烈气氛。

名称：**凤求凰**　类别：**对砚**　作者：**罗氏三兄弟**

尺寸：**52cm×38cm×3.5cm**　石材：**苴却眼石**　石品：**石眼、银线（边皮）**

赏析：先有右边一块苴却石，侧面看是白色边皮，正面看一银线，作者另配一块苴却石，使银线居中，一分为二作古琴对砚，表现了西汉词赋名家、四川成都人司马相如一曲《凤求凰》打动了才女卓文君的心，生出了"文君夜亡奔相如"的爱情佳话。琴瑟的造型象征情意和谐相投，合二为一的对砚象征爱情融洽美满。雕刻纹饰具有汉代韵味，刀功细腻准确。

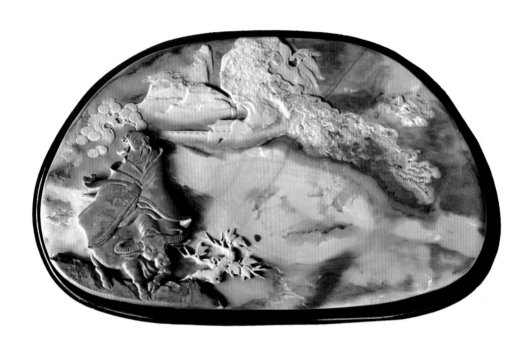

名称：紫气东来　　类别：砚　　作者：任述斌

尺寸：30cm×42cm×4cm　　石材：苴却膘石　　石品：绿膘、胭脂晕

赏析：胭脂晕如紫气飘然，雕刻而出的老子骑着牛缓缓踏来。

名称：秋山望瀑　　类别：盒砚　　作者：罗氏三兄弟

尺寸：15cm×11cm×3.5cm　　石材：苴却眼石、瓷石　　石品：石眼、瓷石彩

赏析：砚盖瓷石色黄而富于变化，作者根据天然色彩巧妙雕刻为一幅山水画，颇有

古画韵味。

名称：金秋　　类别：摆件　　作者：宋建明

尺寸：11cm×15cm×3.5cm　　石材：苴却眼石、瓷石　　石品：石眼、瓷石彩

赏析：俏色雕刻一挂琵琶，几片树叶，两只小虫，琵琶大小错落，树叶翻卷自如，虫子亲密友爱，这是一件趣味盎然的雕刻小品。

名称：大山深处是我家　　类别：摆件　　作者：罗氏三兄弟

尺寸：67cm×28cm×11cm　　石材：瓷石　　石品：绿膘、瓷石红

赏析：作者巧用苴却瓷石表面一层绿蓝渐变的石层，雕刻了大山深处的一户人家及近坡远山、石阶树木、栅栏家畜，展现了山村人家人与自然和谐共处的景象。作品中房屋部分采用镂空雕刻的技法，精致细腻，树木葱茏茂盛，山石跌宕有势，远山虚实叠让，可以看到作者对山里人家生活状态的深切了解和驾驭这类题材的深厚功力。

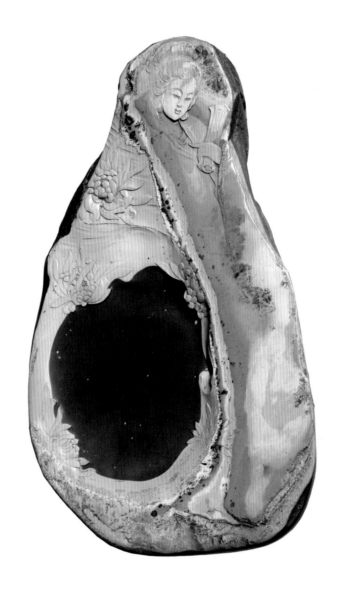

名称：**人比黄花瘦**　　类别：**砚**　　作者：**曹加勇**

尺寸：**50cm×30cm×7cm**　　石材：**苴却石**　　石品：**黄膘**

赏析：一首《醉花阴》在凄凉寂寥的环境中道出了女词人的孤独寂寞与相思离愁，"莫道不消魂，帘卷西风，人比黄花瘦"，用黄花比喻人的憔悴，以瘦暗示相思之深，含蓄深沉，言有尽而意无穷……作者偶得此石，历经数稿，终以"人比黄花瘦"入砚。作者根据苴却石石品色泽丰富多彩之特色，结合砚中石品，以娴熟的刀法追求雕刻技法上的最大减法和艺术张力上的无限放大，寥寥数刀，营造出了一个凄清寂寥的深秋怀人的意境。

名称：兰亭序　　类别：砚　　作者：姚盛清

尺寸：40cm×25cm×6cm　　石材：苴却绿石　　石品：无

赏析：根据王羲之的《兰亭序》雕刻的砚作较为常见，而该作品的亮点有二：其一，采用苴却绿石雕刻，作品石色沉稳含蓄，石质温润细腻，整个砚十分典雅高档；其二，雕工精湛细致，手法娴熟，景物刻画古朴生动。

名称：兰亭雅集　　类别：摆件　　作者：罗氏三兄弟

尺寸：24cm×61cm×11cm　石材：瓷石　石品：瓷石彩

赏析：石材黄绿相间，色彩丰富，巧用顺势作传统山水，俏色巧雕的山石树木、远山云岚、路桥亭台，构成当年气象高远、文采风流的兰亭雅集盛景。高山轻雪未融尽，小河流水似有声。奇石俊俏，古松沉然，人物栩栩，薄意彩雕的刀功精准，画面感强。右侧行书整篇《兰亭集序》，画龙点睛。

名称：对酒当歌　　类别：摆件　　作者：张洪海

尺寸：105cm×50cm×5cm　　石材：苴却膘石　　石品：黄绿膘

赏析：石材作品取材于曹操的《短歌行》，构图因形顺势黄绿膘的颜色和形状，方圆有致。疏密关系处理上，有收有放，收放自如。在人物塑造上通过变形来营造氛围。

名称：**大漠落日圆**　　类别：砚　　作者：罗氏三兄弟

尺寸：34cm×61cm×4cm　　石材：苴却红石　石品：石皮、绿膘

赏析：这块苴却红石十分难得，石皮色彩泛白，天然形成的凹凸纹理宛如因风吹而形成的沙浪，变化有致，人工刀斧不可为之！作者匠心独具，因形顺势，巧形俏色，表现了大漠沙丘、沙漠植物，营构出无限的诗意。

名称：暗香浮动　　类别：砚　　作者：曹加勇

尺寸：38cm×78cm×8cm　石材：苴却膘石　石品：黄膘、银线、鱼肚白

赏析：暗香浮动，美人容颜！一曲《梅花落》，几多人感怀……作者巧用金黄膘俏

色雕刻美人、梅花，相映成趣。银线分布均匀，刻上文字，使得画面更加丰富。

名称：袈裟披身　　类别：舔笔砚　　作者：邓汉成

尺寸：22cm×18cm×3cm　　石材：苴却仔石　　石品：银线

赏析：这块苴却石是天然籽料，上面的银线恰似袈裟的纹路，巧用之，可以赏玩。

名称：国粹　　类别：盒砚　　作者：高晓莉

尺寸：30cm×18cm×4cm　石材：苴却膘石　石品：黄膘、鱼肚白

赏析：该砚创作以国粹京剧文化入手，色彩巧用，器道相融，把中华传统文化与砚文化相结合，是传承并创新而创作出的"可用、可赏、可藏"之新砚作。

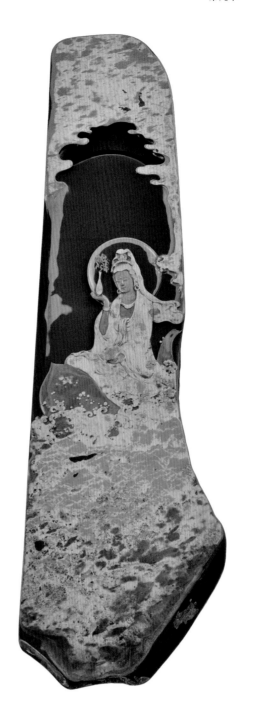

名称：慈航普度　　类别：摆件　　作者：曹加勇

尺寸：110cm×31cm×5.5cm　石材：苴却膘石　石品：黄膘、蕉叶白

赏析：此作品石品罕见，为蕉叶白、金黄膘共生且天然成趣。连片的蕉叶白形成湍

急的水面，菩萨乘一莲叶而来，零星的蕉叶白形成浪花。画面气韵生动，佛语"慈航普度"

名称：夜游赤壁　　类别：摆件　　作者：罗氏三兄弟

尺寸：48cm×88cm×8cm　　石材：瓷石　　石品：绿膘、瓷石彩

赏析：作者利用瓷石表面的深绿膘雕刻乱石幽木，小舟人物。由于膘色较深，而瓷石彩色彩丰富，如天空云气流动，两相对比，形成"夜景"。

名称：和谐　　类别：砚　　作者：宋建明

尺寸：35cm×48cm×7cm　　石材：瓷石　　石品：瓷石彩、绿膘

赏析：此砚选用瓷石中的复合膘，作者通过反复构思、双面设计，色彩之间完美结合。螃蟹形态有趣，翻卷自如；藕节里发出的一抹嫩芽，不禁让人感叹大自然生机盎然、和谐美好。作品以"荷花"与"螃蟹"的谐音，表达"和谐"之意。

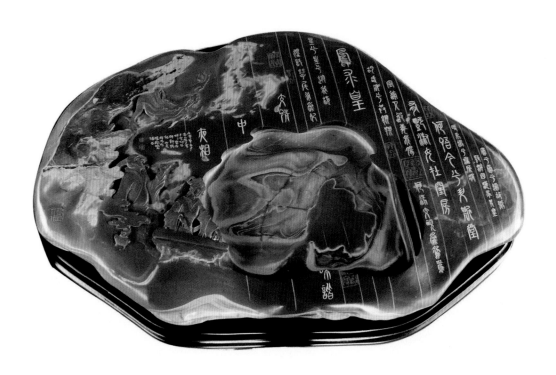

名称：凤求凰　　类别：砚　　作者：陈学勇

尺寸：51cm×85cm×11cm　　石材：苴却线石　　石品：复合彩膘、金线

赏析：该砚石品十分丰富，作者巧妙利用复合彩膘的色彩与金线相互穿插的复杂关系，"找到"雕刻人物的地方，天然成趣。

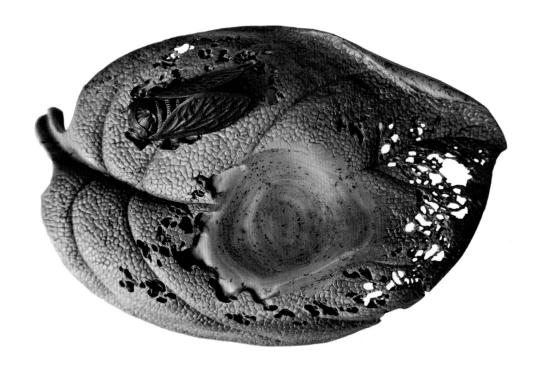

名称：秋声　　类别：观赏砚　　作者：罗氏三兄弟

尺寸：8cm×10cm×2cm　　石材：苴却膘石　　石品：黄膘

赏析：黄膘色彩靓丽而沉静，树叶线条优美，特别是残破之处精细自然，俏黑色雕刻一蝉颇有情趣。砚背有铭文：世间人，法无定法，然后知非法法也；天下事，了犹未了，何妨以不了了之。

名称：**清韵**　类别：砚　作者：**曹加勇**

尺寸：97cm×56cm×6cm　石材：苴却膘石　石品：黄膘、鱼肚白

赏析：此砚石品为鱼肚白、黄膘共生，且黄膘中带有天然纹理，作者构图大胆、简练，整体画面古意浓郁、宁静幽邃，充满了清和旷远之气。砚中精细刻画一气节高尚、情操古逸、性情潇洒的文人逸士，人物面部淡定儒雅。逸士身后，有墨竹三两竿，枝干挺劲，叶条摇曳，俯仰婆娑，与倒垂腊梅相映成趣，意境深远，观之有清气穿胸、惬意爽快、情趣盎然、高洁静雅之感。

名称：枫桥夜泊　　类别：摆件　　作者：张宏

尺寸：30cm×23cm×16cm　　石材：瓷石　　石品：瓷石彩、胭脂晕

赏析：带鸡血红的瓷石彩是十分珍贵的。巧用红色雕刻枫叶，按照色彩雕刻寒山寺、枫桥小船等。作品有很强的观赏性。

名称：上下五千年　　类别：砚　　作者：张峻山

尺寸：122cm×150cm×19cm　　石材：苴却线石　　石品：银线、黄膘

赏析：如此巨大的线石，而且没有瑕疵的十分难得，作品气势宏大，巧用黄膘、银布局中华文明上下五千年的文化元素，更加难得。

名称：妙曼山岚　　类别：摆件　　作者：罗氏三兄弟

尺寸：25cm×49cm×6cm　　石材：苴却膘石　　石品：墨趣绿膘、鱼肚白

赏析：此石十分难得，墨趣绿膘如情似梦，鱼肚白靓丽而稳重，更重要的是，作者一点也没有破坏如此漂亮的云水纹，而且顺势雕刻，惜刀如金，使天然石纹的美感得以大大提升。

名称：喜鹊闹梅　　类别：砚　　作者：杨军

尺寸：23cm×32cm×6cm　　石材：瓷石　　石品：瓷石红

赏析：此砚巧用瓷石红镂空雕刻梅花喜鹊，画面突出了一个"闹"字。

名称：**竹里馆**　类别：**砚**　作者：**张洪海**

尺寸：**92.5cm×48cm×4cm**　石材：**苴却膘石**　石品：**黄膘、鱼肚白**

赏析：此石表层鱼肚山口似云似雾，只稍作刻画，利用第二层金黄膘精刻，竹子和诗人形象半隐半现于云雾之中，画面黄白相间的色彩对比鲜明。空明寂静的竹林深处传来悠悠琴声，表露出诗人无人理解、无人可倾诉的孤寂心情，只有与自然为伴，隐居于世外，对月抚琴，方可抒怀。

名称：雪域人家　　类别：摆件　　作者：罗氏三兄弟

尺寸：20cm×37cm×20cm　　石材：白花石　　石品：石皮

赏析：此石表层天然肌理宛如雪域山峰，山势挺拔雄伟，似有高原冰湖，冰晶玉洁。
作者只需雕刻一藏民村落，高原风光呼之欲出。

名称：深闺　　类别：砚　　作者：高晓莉

尺寸：29cm×18cm×4cm　　石材：苴却膘石　　石品：绿膘

赏析：该砚以细腻手法细刻仕女面部，并融入古代清闺雅阁文化元素。细刻的仕女、梅花、闺阁等细致入微。砚面庄重典雅，不失为一方集实用与观赏为一体的当代砚雕新作。

（背面）

（正面）

名称：童子拜观音　　　类别：摆件　　　作者：罗氏三兄弟

尺寸：50cm×60cm×6cm　　石材：苴却膘石　　石品：黄膘、胭脂晕

赏析：该石十分难得，天然形成光环，由红色呈环状层层扩散。作者巧雕观音端坐

其间，一童子拜之，构思妙绝。

名称：**用岁月雕琢一门手艺**　　类别：**砚**　　作者：**罗氏三兄弟**

尺寸：**31cm×66cm×15cm**　　石材：**苴却眼石**　　石品：**石眼**

赏析：当我们面对这块砚石时，立即被它那天然的石纹、肌理吸引了：起伏不平的石面上竟有这样的纹路，有沧桑感，仿佛岁月留下的痕迹。我们三兄弟从小就雕刻、琢磨石头，几乎用了大半人生。再看看我们旁边的手艺人，他们把自己漫长的人生消耗在这样一门手艺上，默默无闻，无怨无悔，甚至乐在其中。他们的头上、手上、衣服上、甚至眉毛上布满了灰尘却如此专注，他们容颜变得苍老却目光炯炯，手上青筋突出，他们貌相不帅气、身材不挺拔却内心充很实……这群人有一种特别精神面貌，也许，这就是人们所说的"工匠精神"。我们便有了想要表现这群人冲动。石眼非常好，碧翠清亮。就用这纯净高洁的石眼来象征雕刻的对象吧。这是初步的构思。

这件作品在雕刻手法上特别注重天然石纹与人工雕刻部分相结合，很多地方二者融为一体，过渡自然。作品注重粗犷与细腻、深入精雕与大刀阔斧的相互对比、相生相让，取得了一定视觉上的效果。原创诗云："一门手艺一生情，万般辛劳万象新，开山造河人未者，雕琢岁月精气神。"

附录一　苴却砚发展大事记

◎ 1915年，苴却巡检宋光枢取苴却砚三方，历经周折，参加首届巴拿马太平洋万国博览会，苴却砚成为文房佳品。

◎ 1984年，在史上有名的砚雕家钱秉初的儿子钱必生等的帮助下，罗敬如先生及弟子终于在金沙江边找到了苴却石原产地，是时，苴却石矿区已划归攀枝花市管辖。

◎ 1984年，余文香从产地拉回第一批苴却石材，在老师罗敬如先生的指导下雕刻出第一方新品苴却砚"二龙戏珠"，同年参加在攀枝花市举办的五省六地州科技咨询会，并被香港商人刘锦灿高价收藏。

◎ 1986年，在罗敬如先生的指导下，其子罗伟先、弟子余文香合作出两方"神龙夺宝"鸳鸯砚，中央电视台作了专题报道。

◎ 1987年，攀枝花成立市首家苴却砚厂，杨天龙任厂长、罗伟先任技术厂长，罗敬如、罗春明、罗润先任技术顾问，启功先生为苴却砚厂题写厂名。

◎ 1987年，攀枝花市工艺美术协会成立，时任副市长李之侠任会长、罗春明任副会长、余文香任秘书长，举办了多次展览。

◎ 1988年8月，罗氏三兄弟（罗春明、罗润先、罗伟先）携新制苴却砚58方在成都人民公园举办苴却砚鉴赏观摩会，这是苴却砚首次向社会集中展示。苴却砚新品倍受新闻界、书画界关注，各家媒体广为报道。

◎ 1989年12月，攀枝花市苴却砚厂及罗氏三兄弟雕刻的108方苴却砚精品在北京中国美术馆举办"苴却砚精品展"，中国文房四宝协会名誉会长、原国务院副总理方毅先生为开幕式剪彩，在京的众多著名书画家、鉴赏家出席开幕式，并欣然题辞颂赞，首都各大媒体予与报道。

◎ 1989 年 12 月，罗氏三兄弟 3 方精品砚参加中国工艺美术馆落成展。

◎ 1991 年 11 月，在北京"七五星火计划成果博览会"上，"天女散花砚"（作者罗春明）、"乐不思归砚"（作者罗润先）获金奖。

◎ 1992 年，由罗氏三兄弟及余文香撰写的专著《中国苴却砚》由四川科技出版社正式出版发行，这是第一部苴却砚砚学专著，著名书法家启功先生为此书题写了书名。

◎ 1992 年，罗伟先被四川省轻工厅授予"四川省工艺美术大师"荣誉称号，成为苴却砚行业首个省级大师。

◎ 1994 年 6 月，攀枝花市苴却砚厂选送的苴却砚获"亚太地区博览会"金奖；同年，在"国际中国书画博览会"上又获金奖。

◎ 1994 年 10 月，"牧归""岁寒三友"砚获首届中国名砚博览会金奖。

◎ 1995 年，时任全国人大常委会委员长乔石出访日韩两国，特选攀枝花市苴却砚厂生产的 9 方苴却砚作为国礼分赠日本天皇和韩国总统及政界要人。苴却砚名动东瀛，乔石为苴却砚亲笔题词"苴却珍宝，文房瑰宝，温润莹洁，翰墨生辉"。

◎ 1995 年 9 月，罗春明（苴却砚雕刻）、郭月明（微刻）被联合国教科文组织、中国民间文艺家协会授予"一级民间工艺美术家"称号，俞飞鹏、任述斌等 10 人获"民间工艺美术家"称号。

◎ 1996 年 11 月，攀枝花市苴却砚厂 300 方苴却砚精品在香港举办专展。

◎ 1997 年，在中国文房四宝博览会上，苴却砚被评为"中国名砚"；同年，苴却砚获得中国新技术新产品博览会金奖。

◎ 1997 年，攀枝花市组团参加第五届中国艺术节，选送的苴却砚"百眼百猴"获金奖，"蒹葭"获铜奖。

◎ 2002 年 4 月，第十一届全国文房四宝博览会暨首届全国名师精品大展上，"济公新传"苴却砚获金奖，"飞天""硕果"苴却砚获得银奖。

◎ 2003 年 4 月，罗氏兄弟石艺研究所开发的苴却石旅游系列产品获第四届中国昆明国际旅游节"名特优旅游商品奖"。

◎ 2003 年 9 月，时任全国人大常委会副委员长李铁映精选罗氏三兄弟制苴却砚 2 方（"人在旅途""养怡"砚）赠外国友人。

◎ 2004 年 4 月，罗氏兄弟石艺研究所选送的"卓玛"苴却砚获得中国第十五届文房四宝艺术博览会金奖。

◎ 2005 年 8 月，罗氏兄弟研究所产品获"第二届四川旅游商品设计大奖赛"金奖一项、银奖二项、优秀奖若干项。

◎ 2005 年 10 月，曹加勇"江山多娇"苴却砚获第六届中国工艺美术大师作品暨工艺美术精品博览会金奖。

◎ 2006 年 4 月，罗氏兄弟石艺研究所选送的"女娲补天"苴却砚获第四届中国文房四宝名师名砚精品大赛金奖；同月，在第十八届全国文房四宝艺术博览会上，罗氏兄弟石艺研究所送展的"天工艺苑"牌苴却砚被评为"国之宝——中国十大名砚"。

◎ 2007 年 9 月，以罗氏兄弟石艺研究所生产的苴却砚为主打展品的"2007 名砚雅石展"在中国台湾台北新光三越展览馆隆重开展，罗氏三兄弟应邀参加开幕剪彩仪式并与台湾新光三越签字苴却砚合作协议。苴却砚深受台湾同胞的高度好评和喜爱。

◎ 2007 年 11 月，在第九届西部国际民族民间工艺品、礼品、旅游纪念品含收藏品博览会上，苴却砚"五龙献宝""残简"双双被评为金奖。

◎ 2007 年 12 月，罗氏兄弟石艺研究所参加四川省旅游纪念品设计大展，其"天香"苴却砚被评为"四川旅游纪念品"金奖，并荣获"四川特色旅游商品"品牌称号。

◎ 2008 年 11 月 8 日，罗敬如的一方苴却砚被专家鉴定为"苴却砚宝物"，付价为 35 万元人民币。

◎ 2009 年 1 月，攀枝花市仁和区成立区苴却石行业协会。

◎ 2009 年 4 月，仁和区区委、区政府拨 50 万元专款，成立"苴却砚博物馆"。

◎ 2009 年 4 月，罗伟先被中国轻工业联合会、中国文房四宝协会授予"中国文房四宝制砚艺术大师"荣誉称号。

◎ 2009 年 9 月 3 日，中国文房四宝协会会长郭海棠在首届"苴却砚文化艺术节"上代表中国文房四宝协会授予攀枝花市仁和区"中国苴却砚之乡"荣誉称号。

◎ 2009 年 12 月，攀枝花市仁和区苴却砚文化产业园区被四川省文化厅授予"四川省文化产业示范基地"称号，成为全省十大文化产业基地之一。

◎ 2010 年 4 月，在第二十五届全国文房四宝艺术博览会上，罗氏兄弟石艺研究所选送的"天工艺苑"牌苴却砚再次被评为"国之宝——中国十大名砚"，"秋山归牧""如意宝盒""仿古苴却砚"荣获金奖。

◎ 2010 年 5 月，在"中国（深圳）第六届国际文化产业博览交易会"上，罗氏兄弟石艺研究所选送的"秋山归牧"砚，荣获"中国工艺美术文化创意奖"金奖。

◎ 2010 年 8 月 18 日，苴却砚在上海世博会展出。四川省世博组委会派专家精选攀枝花市 13 方苴却砚参加上海世博会"苴却砚走进世博"活动。这是继 1915 年巴拿马万国博览会后，苴却砚再次走进世博，向世人展示攀枝花得天独厚的苴却石资源和苴却砚雕刻技术水平。

◎ 2010 年 10 月 10 日，由中国轻工业联合会、中国文房四宝协会联合主办的"中国文房四宝特色区域"荣誉称号授牌仪式在北京人民大会堂举行。"中国苴却砚之乡"四川省攀枝花市仁和区获得"特色区域"荣誉称号。

◎ 2011 年 5 月，仁和区苴却石行业协会首次组织 11 家苴却砚生产企业参加"第二十七届全国文房四宝艺术博览会"，提高了"中国苴却砚之乡"的知名度和苴却砚的美誉度。

◎ 2011 年 4 月至 7 月，苴却砚被国家质量监督检验检疫总局认定为"国家地理标志保护产品"。

◎ 2011 年 6 月，在四川省文化厅及市文化局的指导下，委托四川大学《攀枝花市仁和区苴却砚文化产业发展 5—10 年发展规划》，目前已经通过评审。

◎ 2011 年 9 月，成立"攀枝花市苴却石行业协会"。

◎ 2011 年 9 月，苴却砚"千砚工程"正式启动。该工程是由四川攀枝花太阳鸟文化传播有限公司投资、攀枝花市罗氏兄弟石艺研究所设计创作完成。工程共分"唐宋诗意砚""当代名家书法砚""中国风景名胜砚""龙凤系列砚""书法名碑名帖砚""中国古代名人砚""百果系列砚""百花系列砚""百兽系列砚"十个系列。

◎ 2011 年 11 月 1 日，"品鉴中华技艺瑰丽奇葩，感受天府之国刀斧神功琉璃厂中国苴却砚大师作品展"于 10 月 31 日在北京圆满落幕。攀枝花市选送参展的 400 余件苴却砚优秀作品受到北京市民的喜爱。

◎ 2012 年 5 月，在第二十九届全国文房四宝艺术博览会上，罗氏兄弟石艺研究所选送的"罗氏兄弟"牌苴却砚再次被评为"国之宝——中国十大名砚"，"竹节砚"荣获金奖。

◎ 2012 年 6 月，任述斌被评为省级非物质文化遗产——石雕（苴却砚雕刻）传承人。

◎ 2012 年 7 月，罗氏兄弟石艺研究所选送的"八面威风"砚荣获 2012 中国昆明泛亚石博览会"精品邀请展"金奖。

◎ 2012 年 9 月，罗氏兄弟石艺研究所选送的"金江初雪"砚、"孔子名言"砚、"牧趣"砚获 2012 年四川省工艺美术精品展金奖。

◎ 2012 年 11 月 29 日，曹加勇被评为"第六届中国工艺美术大师"。

◎ 2013 年 3 月 21 日，攀枝花市苴却砚作为国家地理标志保护产品参加了"第五十届法国国际农业博览会地理标志产品展"。

◎ 2013 年 6 月，在第 31 届全国文房四宝艺术博览会上，罗氏兄弟石艺研究所选送的"牧歌"砚荣获金奖。

◎ 2013 年 7 月 2 日，在第四届中国成都国际非物质文化遗产节上，攀枝花非遗项目"苴却砚雕刻"获得了最高奖项"最佳展览奖"。

◎ 2013 年 7 月，罗氏兄弟石艺研究所选送的"山乡美景"砚荣获 2013 年中国昆明泛亚石博览会"精品邀请展"金奖。

◎ 2013 年 10 月，攀枝花罗氏兄弟苴却砚荣获"首届四川首最具发展潜力城市文化名片"称号。

◎ 2013 年 11 月，罗氏兄弟作品"古砚新趣""兰亭雅集""夜游赤壁"在第十四届中国工艺美术大师作品暨国际艺术精品博览会上分别荣获"百花杯"金、银、铜奖。

◎ 2014 年 6 月，攀枝花市敬如石艺有限责任公司被评为"非物质文化遗产——四川省苴却砚雕刻技艺传习基地"。

◎ 2016 年 10 月，苴却石摆件"兰亭序"获第十七届工艺美术大师作品暨手工艺术精品博览会"百花杯"金奖。

◎ 2016 年 11 月，罗氏三兄弟获"大国非遗工匠宣传大使"称号。

附录二　苴却砚之誉

◎原全国人大常委会委员长乔石题词"苴却珍砚文房瑰宝，温润莹洁瀚墨生辉。"

◎原全国政协副主席、中国文房四宝协会主席方毅题词"砚中珍品"。

◎中国当代书法泰斗、收藏家、文物鉴赏家启功老先生题书名"中国苴却砚"。

◎书画家范曾题词"磨穿苴却几方砚，写出神州大块文"。

◎革命家、作家、原四川省作家协会主席马识途题词"长在深山人未识，一朝出土名远扬。"

◎文物鉴赏家千家驹题词"砚中瑰宝"。

◎文物鉴赏家郑珉中题词"文房奇品"。

◎金石文物鉴赏家张绍增评价"似端非端，石眼为冠"。

◎画家黄胄题词"美石妙品"。

◎画家董寿平题词"苴却砚，温且坚，共声如磬，眼若星繁，文房之称佳玩"。

◎杨超题词"治石雕龙染翰"，杨超为罗敬如学生题词"金石行家"。

◎文物鉴赏家、收藏家溥杰题词"兴业掘潜，功辉翰墨"。

◎画家白雪石题词"书画良友"。

◎书法家王遐举题词"温馨如玉"。

◎书法家、画家刘炳森题词"长将拭砚昭星汉，每籍临池御太壶"。

◎新加坡籍华人、书法家陈声桂题词"美石巧工"。

◎刘阿蒙（书法家，刘伯承之子）为罗氏三兄弟题词"苴却胜歙端，藏于金沙江畔。忽然一露面，其妍动群贤"。

◎画家何继笃题词"苴却石砚，笔墨生辉"。

◎画家刘云泉为罗敬如题词"砚田生画"。

◎文艺活动家、书法家王济夫题词"砚艺情缘"。

◎四川大学博物馆研究员、教授成恩元赋诗"龙虎风云绕砚床，神功鬼斧著华章。由来巴蜀文渊薮，苴却新葩匹歙端"。

◎历史学家四川大学历史系教授刘弱水赋诗"丽水昆冈发琅纤，湿润坚贞益鲜妍。娲皇遗憾未补天，高土采之琢为砚。端溪歙石素有名，苴却神韵自绝伦。青翠凝碧静入神，发墨如油磨无声"。刘弱水给罗敬如先生父子题词"灵龟玉兔水精晶，风翥龙蟠栩如生。蜀江水碧蜀山青，罗家艺术千秋情"。

◎书法家曾来德为罗氏三兄弟称"石妙艺绝"。

附录三　苴却砚文献索引

◎《中国苴却砚》，罗春明、罗润先、罗伟先、余文香著，1992 年 12 月，四川科学技术出版社

◎《苴却砚的鉴别及欣赏》，俞飞鹏著，2003 年 1 月，湖北美术出版社

◎《苴却新砚》，张浩、汤涛著，2007 年 1 月，文物出版社

◎《罗氏三兄弟评传》，普光泉、熊显华著，2010 年 3 月，大众文化出版社

◎《苴却砚精品集》，萧云从编著，2010 年 4 月，四川美术出版社

◎《中国名砚——苴却砚》，苏良国编著，2013 年 1 月，湖南美术出版社

◎《罗氏兄弟石雕艺术精品集》，罗春明、罗润先、罗伟先编著，2011 年 4 月，四川出版集团、四川美术出版社

◎《苴却砚史料汇编（1984-2011）》，2008 年

◎《新品苴却砚之父——罗敬如》，普光泉著，2012 年 12 月，大众文化出版社

后　记

应该说，这本书在 30 年前就开始撰写了。那时苴却砚刚刚重新开发，关于苴却砚的历史文献几乎没有，苴却砚也没有知名度。我们感到，苴却砚要"登大雅之堂"，必须"入典"，必须有一部专著。1987 年着手写作，1999 年基本完稿。在那个年代，"四个现代化"的建设正如火如荼，人们对传统文化并不关注，只能自费出书，而当时出一本书的费用对于我们来说是很大的一笔钱，于是书稿搁置了近两年。

时任攀枝花市分管文化的副市长李之侠是北师大启功先生的学生，他"逆潮流而动"，积极支持苴却砚的开发。在他的帮助下，终于筹集到了资金。他还写信托人请启功先生题写了书名《中国苴却砚》，1992 年，关于苴却砚的第一部砚学专著得以出版发行。

此后近 30 年的岁月里，我们一直刀耕、笔耕不辍。随着苴却砚的声名鹊起，苴却砚开发地不断深入，我们不断发现书中的谬误，不断发现新的苴却石种、石品，不断发现砚雕新人和新技法，不断感受到砚雕创作理念的发展变化，在后来的雕刻和写作实践中，不断修正、完善和丰富这本书的内容，于是，呈现在大家面前的这本书，实际上是 30 年打磨的结果。这本书还将接受历史和实践的进一步打磨和检验。

在这样一个漫长的"打磨"过程中，我们得到了许许多多热爱苴却砚事业，关心、爱护我们的老师和同行的无私支持和帮助。借此，谨向李之侠先生、萧云从先生、杨天龙先生等所有帮助过我们写这本书的人们致谢！

为了尊重雕刻者的劳动，本书除罗氏三兄弟的作品和苴却古砚（由罗氏三兄弟收藏）之外，均予署名。

罗春明

2018 年中秋于攀枝花

图书在版编目（CIP）数据

中华砚文化汇典. 砚种卷. 苴却砚 / 罗春明, 罗润
先, 罗伟先著. -- 北京：人民美术出版社, 2019.5
ISBN 978-7-102-08224-0

Ⅰ.①中… Ⅱ.①罗…②罗…③罗… Ⅲ.①砚—文
化—中国 Ⅳ.①TS951.28

中国版本图书馆CIP数据核字(2018)第282509号

中华砚文化汇典·砚种卷·苴却砚

ZHŌNGHUÁ YÀN WÉNHUÀ HUÌDIĂN · YÀNZHŎNG JUÀN · JŪ QUÈ YÀN

编辑出版　人民美术出版社
　　　　　（北京市东城区北总布胡同32号　邮编：100735）
　　　　　http://www.renmei.com.cn
　　　　　发行部：（010）67517601
　　　　　网购部：（010）67517864
责任编辑　邹依庆　潘彦任
装帧设计　翟英东
责任校对　白劲光
责任印制　张朝生　夏　婧
制　　版　朝花制版中心
印　　刷　天津市豪迈印务有限公司
经　　销　全国新华书店

版　次：2019年5月　第1版　第1次印刷
开　本：889mm×1194mm　1/16
印　张：21.5
ISBN 978-7-102-08224-0
定　价：368.00元
如有印装质量问题影响阅读，请与我社联系调换。（010）67517602